校企协同软件工程应用型专业“十三五”实训规划系列教材

天津工业大学计算机科学与技术学院
融创软通公司教育培训部
联合编写

Web UI前端框架应用与开发
——jQuery + Bootstrap

杨晓光 / 主 编
何晶 李春青 / 副主编

天津大学出版社
TIANJIN UNIVERSITY PRESS

内容提要

本书系统地介绍了当前流行的核心大前端开发技术，包括 jQuery 框架和 Bootstrap 框架。

本书从基础框架入手，由浅入深地对前端开发框架进行细致的讲解，并结合作者多年的校企协同育人及公司项目开发经验，帮助初学者建立初级的技术体系思想。每个框架均阐述了必须掌握的知识点，并用大量案例加深读者对概念的理解。各章均包含“小结”“经典面试题”“跟我上机”等内容，让读者通过动手实践加深对前端开发框架技术的理解，提高找工作面试的成功率。

本书可作为高等院校软件工程专业、计算机专业及相关专业本、专科学生的教材和参考书，亦可供工程技术人员和程序设计人员参考。

图书在版编目（CIP）数据

Web UI 前端框架应用与开发：jQuery + Bootstrap / 杨晓光主编 .—天津：天津大学出版社，2019.8（2020.7 重印）

校企协同软件工程应用型专业“十三五”实训规划系列教材

ISBN 978-7-5618-6338-1

Ⅰ. ① W… Ⅱ. ①杨… Ⅲ. ①网页—制作—教材 Ⅳ. ① TP393.092.2

中国版本图书馆 CIP 数据核字（2019）第 012020 号

Web UI Qianduan Kuangjia Yingyong yu Kaifa—jQuery+Bootstrap

出版发行 天津大学出版社
地　　址 天津市卫津路 92 号天津大学内（邮编：300072）
电　　话 发行部：022-27403647
网　　址 www.tjupress.com.cn
印　　刷 北京盛通印刷股份有限公司
经　　销 全国各地新华书店
开　　本 185mm×260mm
印　　张 18.5
字　　数 462 千
版　　次 2019 年 8 月第 1 版
印　　次 2020 年 7 月第 2 次
定　　价 48.00 元

前　言

本书属于“校企协同软件工程应用型专业‘十三五’实训规划系列教材”，是天津工业大学计算机科学与技术学院和融创软通公司教育培训部的多位教师在近12年的校企协同育人过程中的经验总结经过不断修改的成果。

本书编写背景

随着网络应用的快速发展，出现了一个新兴职业——前端工程师。目前，前端工程师的人才需求量正在急剧增长，很多业内大型企业，如微软、亚马逊、百度、阿里、京东等每年都招聘大量前端工程师。对前端工程师的技术要求不仅仅是HTML、JavaScript和CSS，还有更加庞杂的前端开发技术。现在的前端开发技术与以往相比有了很大的变化，框架化、模块化已经成为趋势。然而，众多开发平台和开发框架共存，使得初学者经常陷入无从下手的境地。本书作者结合多年的校企协同育人及公司项目开发经验，从基础框架开始，由浅入深地对前端开发框架进行细致的讲解，以帮助初学者建立初级的技术体系思想，并结合个人经验对相关开发工具进行必要的介绍，希望能够帮助读者更快地理解前端开发的各项知识。

阅读本书所需的基础知识

阅读本书的读者需要具有一定的HTML5、JavaScript、CSS3等前端知识，并对面向对象思想有一定的认知，同时了解必要的浏览器调试知识。在学习本书的内容之前应预习HTTP协议的知识，并了解必要的B/S开发模式基础知识。

本书编写思路

本书本着由浅入深、循序渐进、注重应用的原则，将内容分为jQuery框架和Bootstrap框架，基本涵盖了前端流行的框架。每个框架均阐述了必须掌握的知识点，并用大量案例加深读者对概念的理解。各章均包含“小结”“经典面试题”“跟我上机”等内容，让读者通过动手实践加深对前端开发框架技术的理解，提高找工作面试的成功率。

寄语读者

亲爱的读者朋友，感谢您在茫茫书海中发现并选择了本书。您手中的这本教材，不是出自某知名出版社，更不是出自某位名师、大家。它的作者就在您的身边，希望它能架起你我之间学习、友谊的桥梁，希望它能带您轻松步入妙趣横生的编程世界，希望它能成为您进入IT编程行业的奠基石。

前端开发技术属于新兴技术，其发展前景非常广阔，尤其是其与服务器端技术的无关性使得其适应性得到了极大的提升。希望读者通过本书的学习，从实例中领悟大前端开发的精髓，并能够在合适的项目场景下应用它们。

本书由浅入深地构建了前端开发的知识体系，如果您想了解相关前端框架的开发流程、前端开发工具的使用技巧、前端面向对象思想的具体应用、模块化开发的优点，这本书可以作为您的参考手册。本书可作为高等院校软件工程专业、计算机专业及相关专业本、专科学生的教材和参考书，亦可供工程技术人员和程序设计人员参考。

由于时间仓促、学识有限，本书难免有不足和疏漏之处，恳请广大读者将意见和建议通过出版社反馈给我们，以便在后续版本中不断改进和完善。

编　者

2018 年 6 月

目录
Contents

第 1 篇　jQuery 框架

第 1 章　jQuery 入门 …… 3

1.1　jQuery 框架介绍 …… 4
1.2　jQuery 的下载和使用 …… 4
1.3　jQuery 的特点 …… 5
1.4　使用 jQuery 的优势 …… 5
1.5　学习环境准备 …… 5
1.6　jQuery 基本语法 …… 6
1.7　jQuery 代码风格 …… 8
小结 …… 9
经典面试题 …… 9
跟我上机 …… 9

第 2 章　jQuery 选择器 …… 10

2.1　jQuery 选择器介绍 …… 11
2.2　jQuery 选择器的分类 …… 12
2.3　jQuery 选择器速查表 …… 39
小结 …… 40
经典面试题 …… 41
跟我上机 …… 41

第 3 章　jQuery 事件函数 …… 43

3.1　页面载入完毕响应事件 …… 44
3.2　绑定与反绑定事件 …… 44
3.3　事件触发器 …… 47
3.4　事件的交互处理 …… 48
3.5　jQuery 内置事件 …… 49
3.6　jQuery 事件函数表 …… 52
3.7　jQuery 事件函数速查表 …… 52
3.8　综合案例 …… 54

小结 ……56
经典面试题 ……56
跟我上机 ……56

第 4 章 jQuery 动画效果 ……58

4.1 隐藏和显示 ……59
4.2 高度变化 ……65
4.3 淡入和淡出 ……66
4.4 自定义动画函数 ……68
4.5 jQuery 动画效果速查表 ……69
小结 ……69
经典面试题 ……69
跟我上机 ……70

第 5 章 jQuery HTML 操作 ……72

5.1 操作元素的 HTML 结构 ……73
5.2 操作文本 ……74
5.3 操作值 ……77
5.4 元素属性 ……81
5.5 元素样式 ……82
5.6 元素的 CSS ……83
5.7 元素的 CSS 尺寸 ……85
5.8 CSS 操作速查表 ……86
5.9 HTML 文档操作速查表 ……86
小结 ……87
经典面试题 ……88
跟我上机 ……88

第 6 章 jQuery AJAX 函数 ……90

6.1 什么是 AJAX? ……91
6.2 $.load() ……91
6.3 $.get() ……92
6.4 $.post() ……94
6.5 $.getJSON() ……96
6.6 $.ajax() ……97
6.7 $.ajax() 综合应用案例 ……101
6.8 AJAX 速查表 ……104
小结 ……104
经典面试题 ……105

跟我上机 …… 105

第 7 章 jQuery each 函数 …… 107

7.1 使用 each 函数处理一维数组 …… 108
7.2 使用 each 函数处理二维数组 …… 109
7.3 使用 each 函数处理 JSON 数据 …… 109
7.4 使用 each 函数处理 DOM 元素 …… 110
7.5 深入理解 each 函数 …… 111
小结 …… 114
经典面试题 …… 115
跟我上机 …… 115

第 8 章 jQuery 实用插件 …… 117

8.1 表单插件——jQuery.form.js …… 118
8.2 上传插件——ajaxFileUpload.js …… 125
8.3 分页插件——jQuery.page.js …… 127
8.4 导出插件——tableExport.js …… 128
8.5 轻量级页面打印插件——jqprint …… 131
8.6 图表插件——corechart.js …… 134
小结 …… 137
经典面试题 …… 137
跟我上机 …… 137

第 9 章 jQuery UI 组件 …… 139

9.1 jQuery UI 组件的特性 …… 140
9.2 如何在网页上使用 jQuery UI 组件 …… 141
9.3 常见的 jQuery UI 组件 …… 142
小结 …… 180
经典面试题 …… 180
跟我上机 …… 181

第 2 篇 Bootstrap 框架

第 10 章 Bootstrap 入门 …… 185

10.1 Bootstrap 框架介绍 …… 186
10.2 Bootstrap 的栅格化布局 …… 188
10.3 综合案例——门户网站的基本布局 …… 193
小结 …… 196
经典面试题 …… 196

跟我上机 …… 196

第 11 章　Bootstrap 页面排版样式 …… 198

11.1　页面排版样式 …… 199
11.2　按钮样式 …… 205
11.3　图片样式 …… 207
11.4　表单样式 …… 208
11.5　表格样式 …… 216
11.6　辅助类 …… 220
11.7　Glyphicons 提供图标 …… 224
小结 …… 228
经典面试题 …… 228
跟我上机 …… 228

第 12 章　Bootstrap 组件 …… 230

12.1　下拉菜单——dropdown …… 231
12.2　按钮组——btn-group …… 232
12.3　下拉菜单与按钮组整合 …… 232
12.4　输入组——input-group …… 233
12.5　导航页——nav …… 234
12.6　固定在顶部的反色导航条 …… 236
12.7　媒体对象 …… 237
12.8　面板组件 …… 238
12.9　Well 组件 …… 240
12.10　分页与标签 …… 240
12.11　徽章与巨幕 …… 242
12.12　页头与缩略图 …… 243
12.13　警告框 …… 244
12.14　进度条 …… 244
12.15　列表组 …… 245
小结 …… 246
经典面试题 …… 246
跟我上机 …… 247

第 13 章　Bootstrap 之 JS 插件 …… 249

13.1　模态框 …… 250
13.2　标签页 …… 252
13.3　工具提醒 …… 253
13.4　弹出框 …… 254

13.5 警告框 …… 255
13.6 按钮插件 …… 255
13.7 折叠(Collapse)插件 …… 257
13.8 轮播(Carousel)插件 …… 259
13.9 附加导航插件 …… 260
小结 …… 262
经典面试题 …… 262
跟我上机 …… 262

第14章 基于Bootstrap的开源组件 …… 264

14.1 日期时间组件 …… 265
14.2 自增器组件 …… 266
14.3 加载效果组件 …… 269
14.4 向导组件 …… 271
14.5 按钮提示组件 …… 274
14.6 图片分类、过滤组件 …… 276
14.7 评分组件 …… 277
14.8 响应式垂直时间轴 …… 279
小结 …… 281
经典面试题 …… 282
跟我上机 …… 282

第 1 篇　jQuery 框架

在开始学习 jQuery 框架之前，应该对以下知识有基本的了解：

- ☐ HTML4、HTML5
- ☐ CSS2、CSS3
- ☐ JavaScript

内容概述：

本篇内容包括 jQuery 入门、jQuery 选择器、jQuery 事件函数、jQuery 动画效果、jQuery HTML 操作、jQuery AJAX 函数、jQuery each 函数、jQuery 实用插件和 jQuery UI 组件等。

每一章都有大量案例讲解，而且设计了经典面试题、跟我上机，可以让大家学习事半功倍。

第 1 章　jQuery 入门

本章要点(掌握了在方框里打钩):

- □ 了解 jQuery 框架
- □ 掌握 jQuery 的下载和使用方法
- □ 掌握 jQuery 的基本语法
- □ 使用 jQuery 的文档就绪事件
- □ 熟练使用 HBuilder、WebStorm 等 IDE 工具

1.1 jQuery 框架介绍

jQuery 是一个快速、简洁的 JavaScript 框架，是继 Prototype 之后又一个优秀的 JavaScript 代码库。

jQuery 的设计宗旨是“Write less，do more”，即写尽可能少的代码，做尽可能多的事情。它封装了 JavaScript 常用的功能代码，提供了一种简便的 JavaScript 设计模式，优化了 HTML 文档操作、事件处理、动画设计和 AJAX 交互。

jQuery 的文档非常丰富，由于 jQuery 轻量级的特性，文档并不复杂，随着新版本的发布，可以很快被翻译成多种语言，这为 jQuery 的流行创造了条件。jQuery 有几千种丰富多彩的插件、大量有趣的扩展和出色的社区支持，弥补了 jQuery 功能较少的不足，并为 jQuery 提供了众多非常有用的功能扩展。加之简单易学，jQuery 很快成为当今最流行的 JavaScript 库，成为开发网站等复杂度较低的 Web 应用程序的首选，得到了很多大公司如微软、Google、阿里、百度等的支持。

jQuery 的核心特性可以总结为：具有独特的链式语法和短小、清晰的多功能接口；具有高效、灵活的 CSS（全称为 Cascading Style Sheets，即层叠样式表）选择器，并且可对 CSS 选择器进行扩展；拥有便捷的插件扩展机制和丰富的插件。

jQuery 最有特色的语法特点就是有与 CSS 语法相似的选择器，支持从 CSS1 到 CSS3 的几乎所有选择器，并且兼容所有主流浏览器，这为快速访问 DOM（全称为 Document Object Model，即文档对象模型）提供了方便。

1.2 jQuery 的下载和使用

1.2.1 下载地址

下载地址：http://jquery.com/download/；最新版本：3.2.1。

1.2.2 页面引入 jQuery 代码

```
<script type="text/javascript" src="js/jquery-3.2.1.min.js"></script>
```

1.3 jQuery 的特点

1. 写尽可能少的代码，做尽可能多的事情（Write less，do more）；
2. 用很简洁的代码完成很丰富的工作，能改变写JavaScript代码的一些方式；
3. 支持各种主流浏览器，包括IE6以上、FireFox2以上、Safari2以上和Opera9以上的版本；
4. 以强大的CSS选择器为基础，几乎所有的操作都先使用选择器查找DOM对象，然后对其进行各种操作；
5. 屏蔽浏览器差异，为对DOM的操作提供了方便的扩展；
6. 易用的事件处理API（全称为Application Programming Interface，即应用程序编程接口）和动画API；
7. 强大的插件机制；
8. 社区活跃，文档非常齐全，全部配有示例，学习容易，易用性很高。

1.4 使用 jQuery 的优势

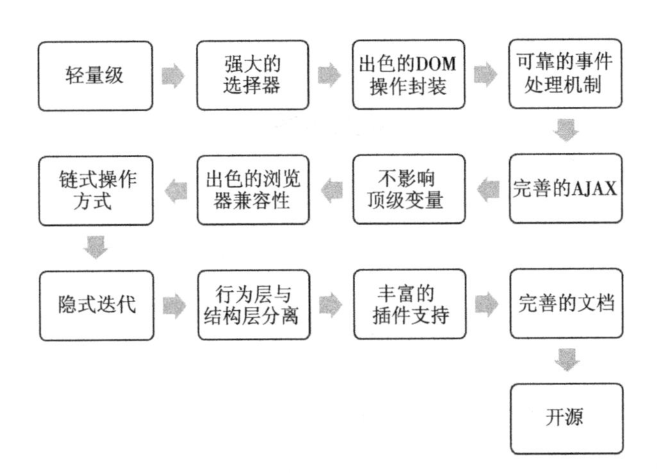

1.5 学习环境准备

（1）准备任何自己喜欢的编辑器或集成开发环境（Integrated Development Environment，IDE），如

（2）准备自己喜欢的主流浏览器，如

（3）准备一个自己熟悉的 Web 应用服务器，如

1.6 jQuery 基本语法

jQuery 语法是为选取 HTML 元素编制的，可以对页面的任何元素执行某些操作。

1.6.1 基础语法：$(selector).action()

语法解释：

（1）使用美元符号“$”定义 jQuery；
（2）使用选择符（selector）查询和查找 HTML 元素；
（3）使用 action() 执行对元素的操作。

专家讲解

“$”是选择器不可缺少的部分，在 jQuery 库中，$ 就是 jQuery 的简写形式，比如 $("#foo") 和 jQuery("#foo") 是等价的，$.ajax 和 jQuery.ajax 是等价的。

如果没有特别说明，可以把程序中的 $ 都理解为 jQuery 的简写形式。

专家举例

$(this).hide()——隐藏当前元素。
$("p").hide()——隐藏所有以 p 标记的段落。
$(".test").hide()——隐藏所有 class="test" 的元素。
$("#test").hide()——隐藏所有 id="test" 的元素。

1.6.2 文档就绪函数

$(document).ready() 为文档就绪函数，用于在页面加载成功后执行指定代码。

专家讲解

文档就绪函数通常用于替换 window.onload 事件，该函数的执行效率更高。

专家举例

```
1. jQuery(document).ready(function() {
2. // 增加要执行的代码
3. alert(" 页面加载完成 ");
4. });
5. //jQuery(fn) 是文档函数的简写形式
6. jQuery(function() {
7. alert(" 页面加载完成 1");
8. });
9. //jQuery 这个内置对象拥有一个别名，即美元符号 $
10. //$=jQuery
11. // 简写后的形式
12. $(function() {
13. alert(" 页面加载完成 2");
14. });
```

实例 1:jQuery-Hello World!

```
1. <script src="js/jquery-3.2.1.min.js" type="text/javascript"></script>
2. <script type="text/javascript">
3. $(document).ready(function() { //DOM 加载完毕后执行，类似于 window.onload
4. alert("Hello World!");
5. });
6. </script>
```

实例 2:单击超链接弹出对话框

jQuery Code:

```
1. <script type="text/javascript" src="jquery.js"></script>
2. <script type="text/javascript">
3.         $(function() {
4.                 $("a").click(function() {// 监听超链接的单击事件
5.                         alert("Hello World!");
6.                         // 等同于 <a href="" onclick="alert('Hello World')">Link</a>
7.                 });
8.         });
9. </script>
```

HTML Code：

```
<a href="">Link</a>
```

$(document).ready 与 window.onload 比较有以下不同。

（1）执行时机不同：window.onload 必须等待网页的所有内容（包括图片）加载完毕后才能执行；而 $(document).ready 在网页的 DOM 结构绘制完毕后就可以执行，内容可能没有加载完毕。

（2）编写次数不同：window.onload 不能进行多次编写，后面编写的内容将覆盖前面编写的内容；$(document).ready 可以进行多次编写，每次编写都能够执行。

1.7 jQuery 代码风格

代码采用链式操作风格。

（1）对同一个对象操作不超过三次，可以写成一行。

（2）对同一个对象操作较多，建议每行写一个操作。

（3）对多个对象的少量操作，可以每个对象写一行，如果涉及子元素，可以考虑适当缩进。

（4）对多个对象的较多操作，可以结合第（2）、（3）条。

专家举例

```
// 本例仅需了解 jQuery 的代码编写风格
1. $(document).ready(function(){
2.   $(".has_children").click(function(){
3.     $(this).addClass("highlight")  // 为当前元素增加 highlight 类
4.       .children("a")
5. .show()
6. .end() // 将子节点的 a 元素显示出来并重新定位到上次操作的元素
7.         .siblings()
8. .removeClass("highlight") // 获取元素的兄弟元素，并去掉它们的 highlight 类
9.       .children("a").hide(); // 将兄弟元素下的 a 元素隐藏
10.  });
11. });
12. </script>
```

小结

本章讲解了什么是 jQuery，jQuery 的特点和优势，jQuery 能做什么，为什么使用 jQuery 和如何使用 jQuery 等。

通过本章的学习，要熟知 jQuery 的基本语法和代码风格；要熟悉如何在 HBuilder 和 WebStorm 等 IDE 上编写 jQuery；要熟知文档就绪函数和 jQuery 的链式结构语法。

经典面试题

1. 什么是 jQuery？
2. jQuery 的最新版本是什么？
3. jQuery 的优点是什么？
4. jQuery 的代码风格是什么形式的 ?
5. jQuery 和 JavaScript 有什么区别？
6. jQuery 库中的 $() 是什么？
7. 网页上有 5 个 <div> 元素，如何使用 jQuery 来选择它们？
8. 如何在点击一个按钮时使用 jQuery 隐藏一张图片？
9. $(document).ready() 是什么函数？为什么要用它？
10. JavaScript window.onload 事件和 jQuery ready 函数有何不同？

跟我上机

1. 编写一个 jQuery 驱动的页面，在页面中动态弹出一个 alert 消息提示框。

提示：$(document).ready(function(){alert(" 第一个 jQuery 页面 ");});

2. 使用 jQuery 点击按钮显示出文本框中的值，界面效果如下：

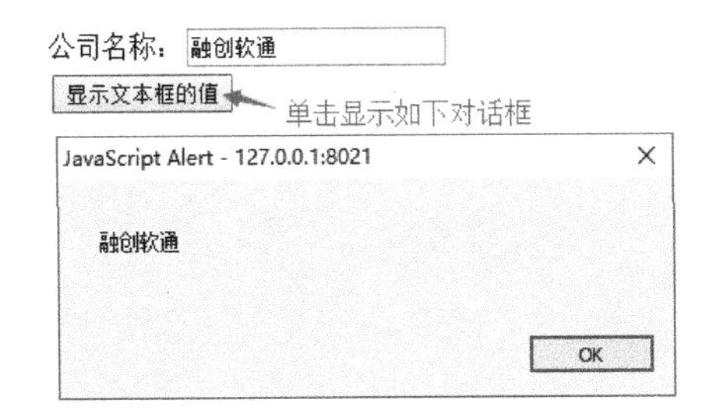

第 2 章　jQuery 选择器

本章要点（掌握了在方框里打钩）：

- □ 了解 jQuery 选择器
- □ 熟记 jQuery 选择器的分类
- □ 了解使用 jQuery 选择器的注意事项
- □ 熟练使用基本选择器
- □ 熟练使用层级选择器
- □ 熟练使用过滤选择器

专家讲解

在 JavaScript 语言中，要想获取页面元素，基本上都会使用以下语句获取对象：

（1）document.getElmentById("");

（2）document.getElmentsByName("");

（3）document.getElmentsByTagName("");

但在 jQuery 中使用选择器获取页面元素比较简单。

2.1 jQuery 选择器介绍

（1）jQuery 选择器可以用来准确地选取希望应用效果的元素。

（2）jQuery 元素选择器和属性选择器允许通过标签名、属性名或内容对 HTML 元素进行选择。

（3）jQuery 选择器允许对 HTML 元素组或单个元素进行操作。

（4）在 HTML DOM 术语中，选择器允许对 DOM 元素组或单个 DOM 节点进行操作。

专家解释

文档对象模型（DOM）是 W3C 组织推荐的处理可扩展标志语言的标准编程接口，具体内容请读者翻阅相关资料。

（5）选择器没有固定的定义，从某种程度上说，jQuery 的选择器和样式表中的选择器十分相似。

2.1.1 jQuery 选择器的特点

（1）简化代码的编写。

（2）隐式迭代。

（3）无须判断对象是否存在。

2.1.2 使用 jQuery 选择器时的注意事项

1. 不能含有特殊符号

（1）不能含有“•”“#”“(”“]”等字符。

（2）避免和选择器冲突。

（3）遇到命名不规范的情况，用“\”来转义。

例如：jQuery 中有一个逗号“,”存在于代码中，那么书写的时候形式为“\,”。

2. 选择器中有双引号与单引号

如果在 jQuery 中双引号间还需要添加双引号，则内部的双引号改成单引号；如果单引号间还有双引号，则需要转义。

例如：$("<div title='tit'></div>")。

3. 选择器中有空格

（1）var $t_a = $('.test :hidden');（选取 class 为 test 的元素的隐藏元素）。要注意空格的位置。

（2）var $t_a = $('.test:hidden');（选取隐藏的 class 为 test 的元素）。

2.2 jQuery 选择器的分类

根据功能进行分类，jQuery 选择器大致可以分为基本选择器和过滤选择器两类，结构体系如下：

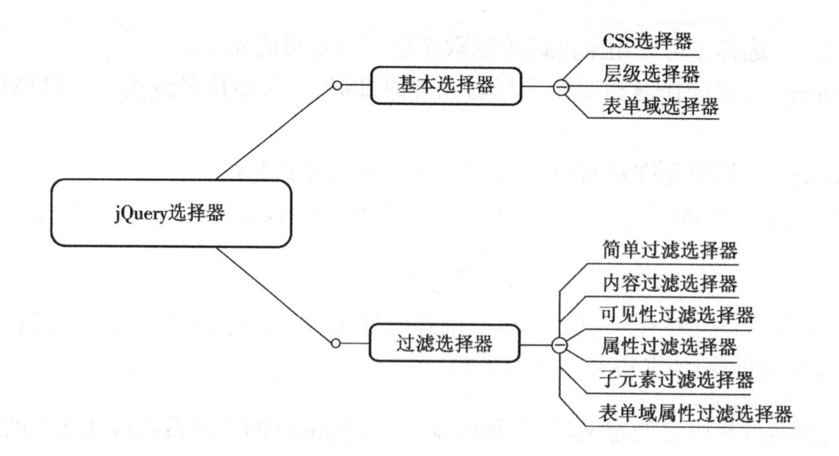

下面对不同类型的选择器进行解释说明。

2.2.1 基本选择器

2.2.1.1 CSS 选择器

jQuery 借用一套 CSS 选择器，共有五种，分别是标签选择器、id 选择器、类选择器、通用选择器和群组选择器，下面配合实例分别介绍每种选择器的作用及使用方法。

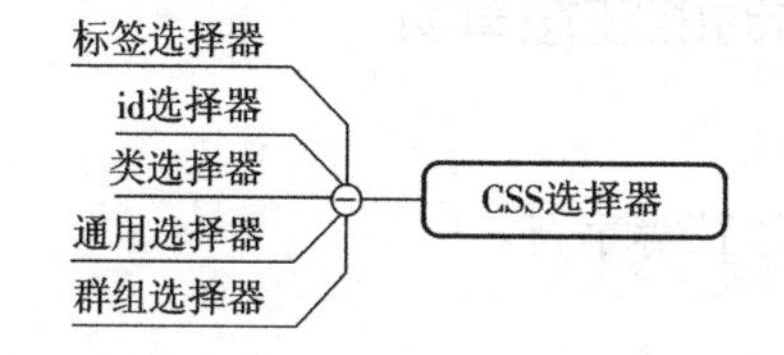

1. 标签选择器

标签选择器用于选择 HTML 页面已有的标签元素，也称元素选择器。

格式：$("element")

例：$("div");

专家讲解

标签选择器是一个用于搜索的元素，指向 DOM 节点的标签名，其返回值为 Array<Element>。

（1）$("p") 选取页面中的 <p> 元素。

（2）$("p.intro") 选取所有 class="intro" 的 <p> 元素。

（3）$("p#demo") 选取 id="demo" 的第一个 <p> 元素。提醒：id 在同一个页面中只有一个 id 属性。

jQuery Code：

```
1.<script type="text/javascript">
2.$(function(){
3.$("input[type='button']").click(function(){ // 为按钮绑定点击事件
4.$("div").eq(0).html(" 这里长出了一片草莓 ");// 获取第一个 div 元素
5.$("div").get(1).innerHTML=" 这里的鱼没有了 "; // 获取第二个 div 元素
6.});
7.});
8.</script>
```

HTML Code：

```
1.<div> 这里种植了一棵草莓 </div>
2.<div> 这里养殖了一条鱼 </div>
3.<input type="button"  value=" 若干年后 " />
```

运行结果：

这里种植了一棵草莓
这里养殖了一条鱼
若干年后 点击前

这里长出了一片草莓
这里的鱼没有了
若干年后 点击后

2.id 选择器

id 选择器用于获取某个具有 id 属性的元素。

格式：$("id")

例：$("#test").val();

id 选择器根据给定的 id 匹配一个元素。如果选择器中包含特殊字符，可以用两个斜杠转义，其返回值为 Array<Element>。

```
$("#intro") // 选取 id 为 "intro" 的元素
```

专家讲解

id 选择器选取带有指定 id 的元素。

id 引用 HTML 元素的 id 属性。

注意：① id 属性在文档内必须是唯一的；②不要使用以数字开头的 id 属性。

id 选择器效率最高，在可能的情况下应该尽量使用它。

jQuery Code：

```
1. <script>
2.         $(document).ready(function() {
3.                 // 将 id 为“intro”的标记背景样式设为黄色
4.                 $("#intro").css("background-color", "yellow");
5.         });
6. </script>
```

HTML Code：

```
<p id="intro"> 融创软通 IT 学院！ </p>
```

3. 类选择器

类选择器用于获取某个具有 class 属性的元素。

格式：$("class")

例：$(".t").css("border","2px solid blue");

.class 选择器为给定的类匹配一个元素，是一个用于搜索的类。一个元素可以有多个类，只要有一个符合就能被匹配到，其返回值为 Array<Element>。

专家举例

jQuery Code：

```
1.<script type="text/javascript">
2.$(function(){alert($(".classname").val());});
3.</script>
```

HTML Code：

```
<input type="text" class="classname" value=" 根据元素 css 类名选择 " />
```

运行结果：

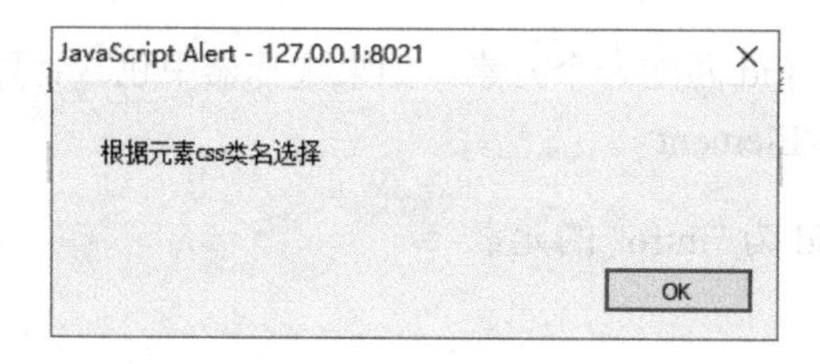

4. 通用选择器

通用选择器(也叫 * 选择器)匹配所有元素,多用于结合上下文搜索。

格式:$("*")

例:$("*").css("color","red");

jQuery 的通用选择器用于获取所有元素,将其封装为 jQuery 对象并返回,其返回值为 Array<Element>。

由于当前文档中一般都有多个 DOM 元素,因此返回的 jQuery 中可能封装了多个 DOM 元素。

匹配的 DOM 元素不仅仅局限于 body 标签之内,html、head、meta、title、style、link、script、body 等文档中的所有 DOM 元素都会被计算在内。

专家讲解

通用选择器与后代选择器、子代选择器、相邻选择器等具有限定范围的选择器配合使用,则通用选择器表示限定范围内的所有元素。

$("p *") // p 标签的所有后代元素

可以配合使用子代选择器来实现只查找孙子辈元素的选择器。例如:想要查找 id 为 n1 的元素的孙子辈的 span 标签,对应的 jQuery 代码如下:

$("#n1 > * > span"); // 选择 id 为 n1 的元素的所有孙子辈的 span 标签

5. 群组选择器

群组选择器又称多元素选择器,用于选择所有指定的选择器组合的结果。

格式:$("selector1,selector2,...,selectorN")

例:$("div,span,p.styleClass").css("border","2px solid blue");

该选择器将每一个选择器匹配到的元素合并后一起返回。可以指定任意多个选择器,并将匹配到的元素合并到一个结果内,其返回值为 Array<Element>。

下面通过对选择的项进行 CSS 操作来使大家清晰地了解 selector1,selector2,……,selectorN 选择器的作用。

专家举例

HTML Code:

```
1.<div id="n1">
2.   <p id="n2" class="test"></p>
3.   <p id="n3" class="detail">
4.       <span id="n4" class="test codeplayer"></span>
5.   </p>
6.</div>
```

想要一次性查找到 id 为 n1 的 div 标签、id 为 n2 的 p 标签、包含类名 test 的 span 标签,则可以编写 jQuery Code:

```
$("#n1,#n2,span.test");// 选择了 id 分别为 n1、n2、n4 的 3 个元素
```

如果要一次性查找到包含类名 detail 的 p 标签、包含类名 test 的所有标签，jQuery Code 如下：

```
$("p.detail,.test");// 选择了 id 分别为 n2、n3、n4 的 3 个元素
```

2.2.1.2 层级选择器

在 HTML 文档中，每个元素都处在 DOM 节点树上的某个位置，在文档层次结构中元素之间总是存在着某种层级关系。

层级选择器有四种，分别是子元素选择器、后代选择器、紧邻同辈选择器和相邻同辈选择器。下面配合实例分别介绍每种选择器的作用及使用方法。

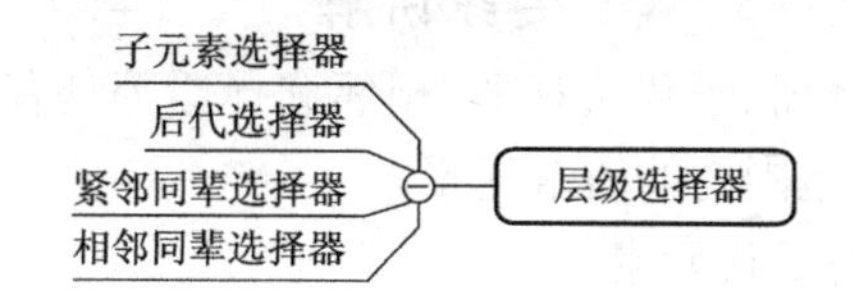

1. 子元素选择器

子元素选择器用于查找给定父元素下的所有子元素。

格式：$("parent>child")

例：$("form > input");　// 匹配 form 表单中所有的子级 input 元素

$("parent > child") 中的 parent 代表父元素，child 代表子元素，用于为给定的父元素匹配所有子元素。使用该选择器只能选择父元素的直接子元素。

专家举例

CSS Code：

```
1.<style type="text/css">
2.        input {
3.                margin: 5px;
4.                /* 设置 input 元素的外边距为 5 像素 */
5.        }
6.
7.        .input {
8.                font-size: 12pt;
9.                /* 设置文字大小 */
10.               color: #333333;
11.               /* 设置文字颜色 */
12.               background-color: #cef;
13.               /* 设置背景颜色 */
```

```
14.                 border: 1px solid #000000;
15.                 /* 设置边框 */
16.         }
```

jQuery Code:

```
1. $(document).ready(
2.         function() {
3.                 $("#change").click(function() {
4.                         // 绑定“换肤”按钮的点击事件
5.                         $("form > input").addClass("input"); // 为表单元素的直接
子元素 input 添加样式
6.                 });
7.                 $("#default").click(function() {
8.                         // 绑定“恢复默认”按钮的点击事件
9.                         $("form > input").removeClass("input"); // 移除为表单元素
的直接子元素 input 添加的样式
10.                });
11.        });
```

HTML Code:

```
1.<form id="form1" name="form1" method="post" action="">
2.         姓    名:<input type="text" name="name" id="name" />
3.         <br /> 籍    贯:
4.         <input name="native" type="text" id="native" />
5.         <br /> 生    日:
6.         <input type="text" name="birthday" id="birthday" />
7.         <br /> E-mail:
8.         <input type="text" name="email" id="email" />
9.         <br />

10.        <span>
11.    <input type="button" name="change" id="change" value=" 换肤 "/>
12.    </span>
13.        <input type="button" name="default" id="default" value=" 恢复默认 " />
14.        <br />
15. </form>
```

运行结果：

姓 名：
籍 贯：
生 日：
E-mail：
换肤 恢复默认
点击前

姓 名：
籍 贯：
生 日：
E-mail：
换肤 恢复默认
点击后

2. 后代选择器

后代选择器用于在给定的祖先元素下匹配所有后代元素。

格式：$("ancestor descendant")

例：$("form input"); // 查找 form 元素的后代元素中标记为 input 的元素

专家举例

jQuery Code：

```
1.$(function() {
2.        $("form input").css("margin-top", "20px"); // 设置 button 文字的粗细，运用到祖先的后代选择器中
3.        $("form input").css("font-weight", "bold"); // 设置 input 的宽度，运用到祖先的后代选择器中
4.        $("form input").css("width", "140px;"); //button 点击事件
5.        $("input[type='button']").click(function() {
6.        $("tr:even").css("background-color", "#00DD00"); // 实现偶数行背景变色
7.        $("tr:even").css("color", "#FF0000"); // 实现偶数行文字变色
8.        });
9.});
```

CSS Code：

```
1.<style>
2.        body {
3.                width: 100%;
4.                height: 100%;
5.                font-size: 14px;
6.        }
7.
8.        .tab {
```

```
9.                  text-align: center;
10.                 background-color: #CCFFFF;
11.                 border: 1px solid #660099;
12.         }
13.
14.         tr th {
15.                 color: #FFFFFF;
16.                 background-color: #000000;
17.                 border: 1px solid #CC0066;
18.         }
19.
20.         tr td {
21.                 border: 1px solid #FF0000;
22.         }
23. </style>
```

HTML Code：

```
1.  <form name="form" style="text-align: center;">
2.          <table class="tab" cellpadding="0" cellspacing="0">
3.                  <tr>
4.                          <th> 书号 </th>
5.                          <th> 书名 </th>
6.                          <th> 数量 </th>
7.                          <th> 作者 </th>
8.                          <th> 单价 </th>
9.                          <th> 总价 </th>
10.                 </tr>
11.                 <tr id="tr_td">
12.                         <td>CN-2312</td>
13.                         <td>Web 开发 </td>
14.                         <td>20</td>
15.                         <td> 张建军 </td>
16.                         <td>50.00</td>
17.                         <td>1000.00</td>
18.                 </tr>
19.                 <tr>
```

```
20.                     <td>CN-2313</td>
21.                     <td>C++ 程序设计 </td>
22.                     <td>100</td>
23.                     <td> 何晶 </td>
24.                     <td>40.00</td>
25.                     <td>4000.00</td>
26.                 </tr>
27.                 <tr>
28.                     <td>CN-2321</td>
29.                     <td>Java 程序设计 </td>
30.                     <td>200</td>
31.                     <td> 高雅 </td>
32.                     <td>30.00</td>
33.                     <td>6000.00</td>
34.                 </tr>
35.                 <tr>
36.                     <td>CN-2322</td>
37.                     <td>Oracle 程序设计 </td>
38.                     <td>400</td>
39.                     <td> 李林 </td>
40.                     <td>20.00</td>
41.                     <td>8000.00</td>
42.                 </tr>
43.         </table>
44. </form>
45. <input type="button" id="click" name="click" value=" 点击我 " />
46.</body>
47.</html>
```

运行结果：

书号	书名	数量	作者	单价	总价
CN-2312	Web开发	20	张建军	50.00	1000.00
CN-2313	C++程序设计	100	何晶	40.00	4000.00
CN-2321	Java程序设计	200	高雅	30.00	6000.00
CN-2322	Oracle程序设计	400	李林	20.00	8000.00

点击我 ← 点击前

书号	书名	数量	作者	单价	总价
CN-2312	Web开发	20	张建军	50.00	1000.00
CN-2313	C++程序设计	100	何晶	40.00	4000.00
CN-2321	Java程序设计	200	高雅	30.00	6000.00
CN-2322	Oracle程序设计	400	李林	20.00	8000.00

点击我 ← 点击后

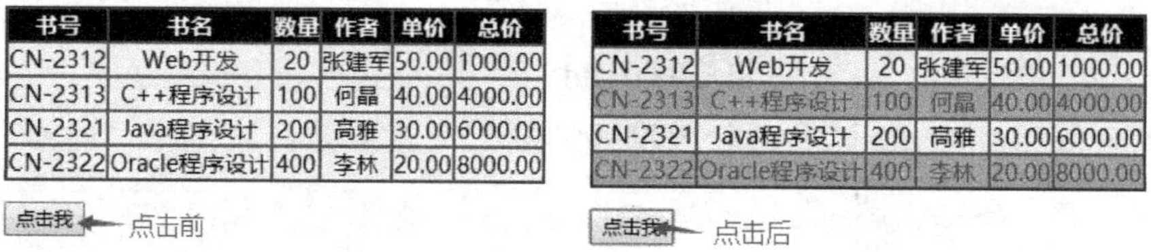

3. 紧邻同辈选择器

紧邻同辈选择器用于匹配所有紧接在某元素后的第一个元素。

格式：$("prev+next")

例：$("div+span");（匹配所有跟在 div 后的 span 元素）

要匹配 <div> 标记后的 <img> 标记，可以使用下面的 jQuery Code：

```
$("div + img");
```

专家举例

jQuery Code：

```
1. $(document).ready(function(){$("label+p").addClass("background"); // 为匹配的元素添加 CSS 类
2. });
```

CSS Code：

```
1. <style type="text/css">
2.         .background {
3.                 background: #cef
4.         }
5.         body {
6.                 font-size: 12px;
7.         }
8. </style>
```

HTML Code：

```
1. <div>
2.         <label> 第一个 label</label>
3.         <p> 第一个 p</p>
4.         <fieldset>
5.                 <label> 第二个 label</label>
6.                 <p> 第二个 p</p>
7.         </fieldset>
8. </div>
9. <p>div 外面的 p</p>
```

运行结果：

第一个label

第一个p

第二个label

第二个p

div外面的p

4. 相邻同辈选择器

相邻同辈选择器用于匹配某元素后面的所有同辈元素。

格式：$("prev~siblings")

例：$("input~p").css("color","red");

要匹配 div 元素的同辈元素 ul，可以使用下面的 jQuery Code：

```
$("div~ul");// 筛选页面中 div 元素的同辈元素
```

专家举例

CSS Code：

```
1.  <style type="text/css">
2.          body {
3.                  width: 100%;
4.                  height: 100%;
5.                  font-size: 14px;
6.          }
7.  </style>
```

jQuery Code：

```
1.  $(function() {
2.          // 匹配所有元素
3.          $("*").css("background-color", "pink");
4.          //prev ~ siblings 选择器运用
5.          $("label ~ input").css("font-size", "18px");
6.          // 点击事件，prev ~ siblings 选择器运用
7.          $("#pwd").click(function() {
8.                  alert(" 我被选中！ ");
9.          });
10. });
```

HTML Code：

```
1.  <form id="form_body">
2.          <label class="username"> 用户名：</label>
3.          <input type="text" id="username" name="username" /> <br />
4.          <label class="password"> 密      码：</label>
5.          <input type="password" id="password" name="password" /> <br />
6.          <input type="button" id="login" name="login" value=" 登录 " />
7.          <input type="reset" id="reset" name="reset" value=" 重置 " />
8.          <input type="checkbox" id="pwd" name="pwd" /> 记住密码
9.  </form>
```

运行结果：

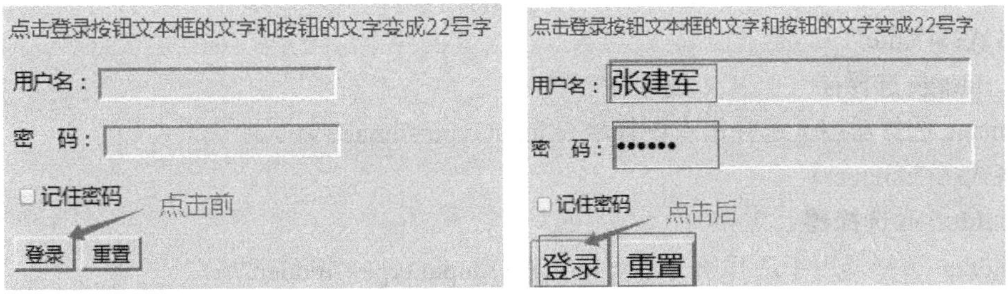

2.2.1.3 表单域选择器

表单域指网页中的 input、textarea、select、button 元素。jQuery 表单域选择器专门用于从文档中选择表单域。

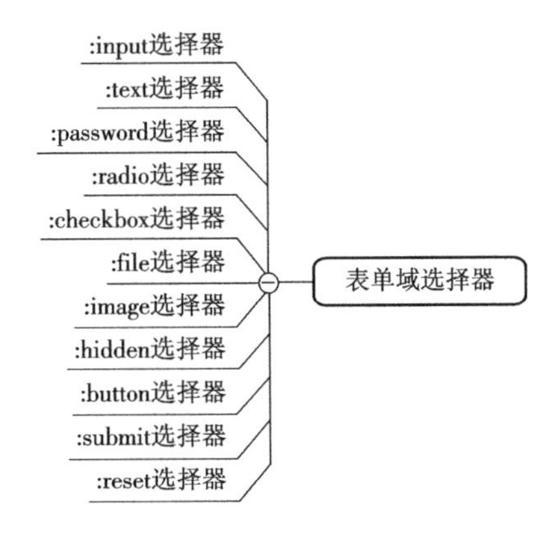

1. :input 选择器

:input 选择器用于选择所有 input、textarea、select、button 元素。

格式：$(":input")

2. :text 选择器

:text 选择器用于选择所有单行文本框（<input type="text"/>）。

格式：$(":text")

3. :password 选择器

:password 选择器用于选择所有密码框（<input type="password"/>）。

格式：$(":password")

4. :radio 选择器

:radio 选择器用于选择所有单选按钮（<input type="radio"/>）。

格式：$(":radio")

5. :checkbox 选择器

:checkbox 选择器用于选择所有复选框（<input type="checkbox"/>）。

格式：$(":checkbox")

6. :file 选择器

:file 选择器用于选择所有文件域(<input type="file"/>)。

格式: $(":file")

7. :image 选择器

:image 选择器用于选择所有图像域(<input type="image"/>)。

格式: $(":image")

8. :hidden 选择器

:hidden 选择器用于选择所有不可见元素(<input type="hidden"/>)。

格式: $(":hidden")

9. :button 选择器

:button 选择器用于选择所有按钮(<input type="button"/> 和 <button>...</button>)。

格式: $(":button")

10. :submit 选择器

:submit 选择器用于选择所有提交按钮(<input type="submit"/> 和 <button>...</button>)。

格式: $(":submit")

11. :reset 选择器

:reset 选择器用于选择所有重置按钮(<input type="reset"/>)。

格式: $(":reset")

● **综合案例**

jQuery Code:

```
1.  function allchk() {
2.          var chknum = $("#list :checkbox").size(); // 选项总个数
3.          var chk = 0;
4.          $("#list :checkbox").each(function() {
5.                  if($(this).prop("checked") == true) {
6.                          chk++;
7.                  }
8.          });
9.          if(chknum == chk) { // 全选
10.                 $("#all").prop("checked", true);
11.         } else { // 不全选
12.                 $("#all").prop("checked", false);
13.         }
14. }
15.
```

```
16. $(function() {
17.         // 全选或全不选
18.         $("#all").click(function() {
19.                 if(this.checked) {
20.                         $("#list :checkbox").prop("checked", true);
21.                 } else {
22.                         $("#list :checkbox").prop("checked", false);
23.                 }
24.         });
25.         // 全选
26.         $("#selectAll").click(function() {
27.                 $("#list :checkbox,#all").prop("checked", true);
28.         });
29.         // 全不选
30.         $("#unSelect").click(function() {
31.                 $("#list :checkbox,#all").prop("checked", false);
32.         });
33.         // 反选
34.         $("#reverse").click(function() {
35.                 $("#list :checkbox").each(function() {
36.                         $(this).prop("checked", !$(this).prop("checked"));
37.                 });
38.                 allchk();
39.         });
40.
41.         // 设置全选复选框
42.         $("#list :checkbox").click(function() {
43.                 allchk();
44.         });
45.
46. });
47.
48. function allchk() {
49.         var chknum = $("#list :checkbox").size(); // 选项总个数
50.         var chk = 0;
51.         $("#list :checkbox").each(function() {
```

```
52.                    if($(this).prop("checked") == true) {
53.                            chk++;
54.                    }
55.            });
56.            if(chknum == chk) { // 全选
57.                    $("#all").prop("checked", true);
58.            } else { // 不全选
59.                    $("#all").prop("checked", false);
60.            }
61. }
62.</script>
```

HTML Code：

```
1.  <ul id="list">
2.          <li><label><input type="checkbox" value="1"> 1. 时间都去哪儿了 </la-
bel></li>
3.          <li><label><input type="checkbox" value="2"> 2. 海阔天空 </label></li>
4.          <li><label><input type="checkbox" value="3"> 3. 真的爱你 </label></li>
5.          <li><label><input type="checkbox" value="4"> 4. 不再犹豫 </label></li>
6.          <li><label><input type="checkbox" value="5"> 5. 光辉岁月 </label></li>
7.          <li><label><input type="checkbox" value="6"> 6. 喜欢你 </label></li>
8.  </ul>
9.  <input type="checkbox" id="all">
10. <input type="button" value=" 全选 " class="btn" id="selectAll">
11. <input type="button" value=" 全不选 " class="btn" id="unSelect">
12. <input type="button" value=" 反选 " class="btn" id="reverse">
```

运行结果：

- ☑ 1.时间都去哪儿了
- ☑ 2.海阔天空
- ☑ 3.真的爱你
- ☐ 4.不再犹豫
- ☐ 5.光辉岁月
- ☑ 6.喜欢你

☑ 全选 全不选 反选

2.2.2 过滤选择器

过滤选择器主要通过特定的过滤规则筛选出所需要的 DOM 元素，过滤规则与 CSS 中的伪类选择器相同，即选择器都以一个冒号开头。过滤选择器总共有六种类型，下面对各种类型的过滤选择器进行详细讲解。

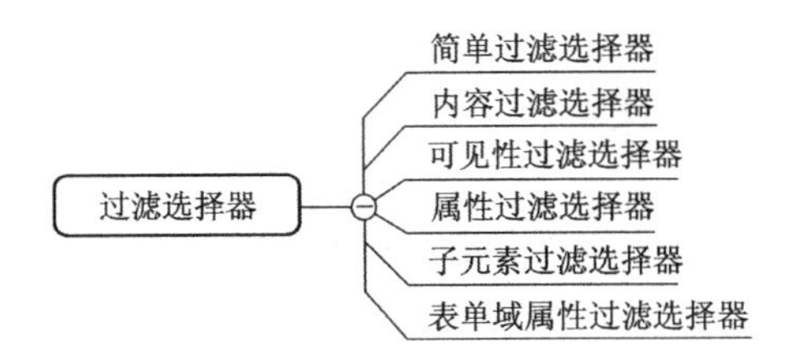

2.2.2.1 简单过滤选择器

简单过滤选择器根据索引编号对元素进行筛选，类似于 CSS 中的伪类选择器。其以冒号开头，并且要和另一选择器一起使用。

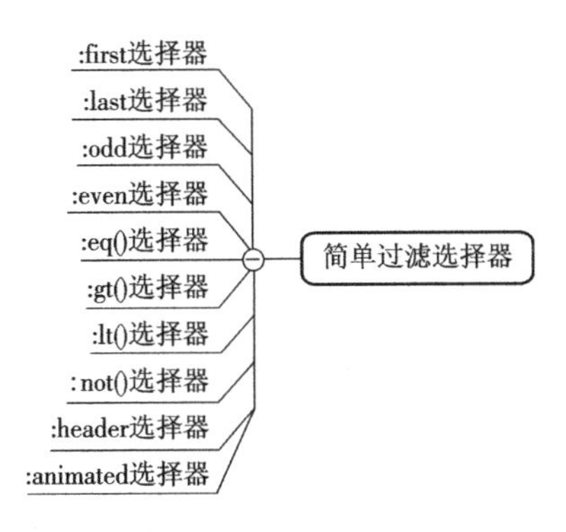

1. :first 选择器

:first 选择器用于对当前 jQuery 集合进行过滤并选择出第一个匹配元素。

格式：$(":selector:first")

例：$("td:first").css("border","2px solid blue");// 将第一列的边框颜色设置为蓝色

2. :last 选择器

:last 选择器用于对当前 jQuery 集合进行过滤并选择出最后一个匹配元素。

格式：$(":selector:last")

3. :odd 选择器

:odd 选择器用于选择索引编号为奇数（从 0 开始计数）的所有元素。

格式：$(":selector:odd")

4. :even 选择器

:even 选择器用于选择索引编号为偶数（从 0 开始计数）的所有元素。

格式：$(":selector:even")

5. :eq() 选择器

:eq() 选择器用于从匹配的集合中选择索引编号等于给定值的所有元素。

格式：$(":selector:eq(index))

其中 index 为指定元素在 selector 集合中的索引编号（从 0 开始计数）。

6. :gt() 选择器

:gt() 选择器用于从匹配的集合中选择索引编号大于给定值的所有元素。

格式：$(":selector:gt(index))

其中 index 为指定元素在 selector 集合中的索引编号（从 0 开始计数），只有索引编号大于此值的元素才会包含在查询结果中。

7. :lt() 选择器

:lt() 选择器用于从匹配的集合中选择索引编号小于给定值的所有元素。

格式：$(":selector:lt(index))

其中 index 为指定元素在 selector 集合中的索引编号（从 0 开始计数），只有索引编号小于此值的元素才会包含在查询结果中。

8. :not() 选择器

:not() 选择器用于从匹配的集合中去除与给定选择器匹配的所有元素。

格式：$(":selector1:not(selector2))

其中 selector1、selector2 为任意有效的选择器，使用 :not() 选择器时，从 selector1 匹配的集合中去除 selector2 匹配的所有元素。

例：$("td:not(:first,:last)").css("background","#FCF");

9. :header 选择器

:header 选择器用于选择所有诸如 h1、h2、h3 的标题元素。

格式：$(":header")

10. :animated 选择器

:animated 选择器用于选择所有正在执行动画效果的元素。

格式：$("selector:animated")

● **综合案例**

```
1.<script>
2.  $(function() {
3.          alert($("li:first").text()); // 获取第一个 li 的内容，结果为投资
4.          alert($("li:last").text()); // 获取最后一个 li 的内容，结果为担当
5.          alert($("ul input:not(:checked)").val()); // 获取 input 未被选中的值，结果为
不学习
6.          alert($("li:even").text()); // 获取索引编号为偶数的 li 的内容，结果为投资、
成熟
7.          alert($("li:odd").text()); // 获取索引编号为奇数的 li 的内容，结果为理财、
担当
8.          alert($("li:eq(0)").text()); // 获取索引编号等于 0 的 li 的内容，结果为投资
9.          alert($("li:gt(2)").text()); // 获取索引编号大于 2 的 li 的内容，结果为担当
```

```
10.            alert($("li:lt(1)").text()); // 获取索引编号小于 1 的 li 的内容，结果为投资
11.            alert($(":header").text()); // 获取 : header 选择器选取的所有标题元素(h1~h6)，结果为融创软通 IT 学院
12. });
13.</script>
14.
15.<div id="divTest">
16. <ul>
17.            <li> 投资 </li>
18.            <li> 理财 </li>
19.            <li> 成熟 </li>
20.            <li> 担当 </li>
21.            <input type="radio" value=" 学习 " checked="checked" /> 学习
22.            <input type="radio" value=" 不学习 " /> 不学习
23. </ul>
24. <h3> 融创软通 IT 学院 </h3>
25.</div>
```

运行结果：

简单过滤选择器的使用

- 投资
- 理财
- 成熟
- 担当

◉学习 ○不学习

融创软通IT学院

2.2.2.2 内容过滤选择器

内容过滤选择器主要包括 :contains()、:has()、:empty、:parent 四种过滤器。

在 HTML 文档中，元素的内容可以是文本或子元素。

这种过滤器是对前面介绍的简单过滤选择器的补充，在页面选取、设置元素显示等方面发挥着重要的作用。

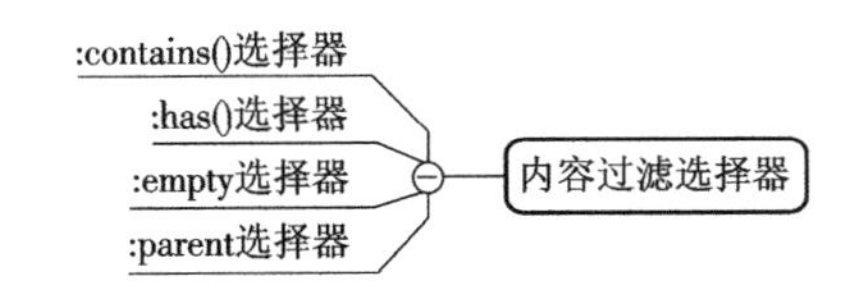

1. :contains() 选择器

:contains() 选择器用于选择包含给定文本的所有元素。

格式：$("selector:contains(text)")

2. :has() 选择器

:has() 选择器用于选择包含给定子元素的所有元素。

格式：$("selector1:has(selector2)")

其中 selector1、selector2 为任意有效的选择器。

3. :empty 选择器

:empty 选择器用于选择不包含子元素或者文本的所有空元素。

格式：$("selector:empty）

4. :parent 选择器

:parent 选择器用于选择包含子元素或者文本的所有空元素，与 : empty 选择器作用相反。

格式：$("selector:parent")

● **综合案例 1**

本例将含有文本的父元素的 div 或者含有其他元素的父元素的 div 的宽度以自定义动画的方式设置为 300 像素。

CSS Code：

```
1.<style type="text/css">
2.  div {
3.            list-style-type: none;
4.            width: 150px;
5.            height: 30px;
6.            border: 1px solid red;
7.  }
8.</style>
```

jQuery Code：

```
1.$(document).ready(function() {
2.  $("button").click(function() {
3.            $("div:parent").animate({
4.                      width: "300px"
5.            });
6.  });
7.});
```

HTML Code：

```
1.<div> 我是含有文本的 div</div>
2.<div></div>
3.<button> 点击查看效果 </button>
```

运行结果：

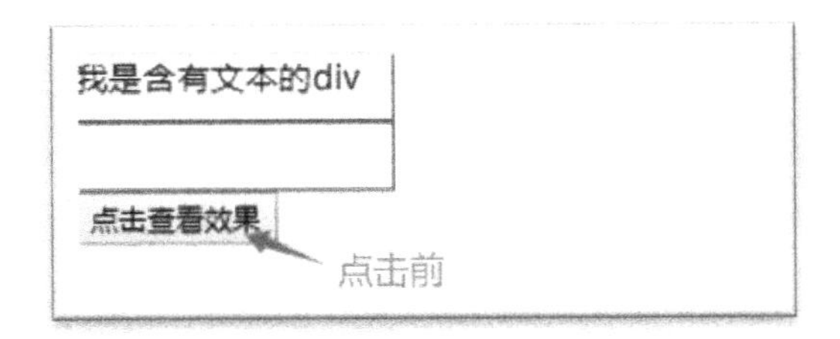

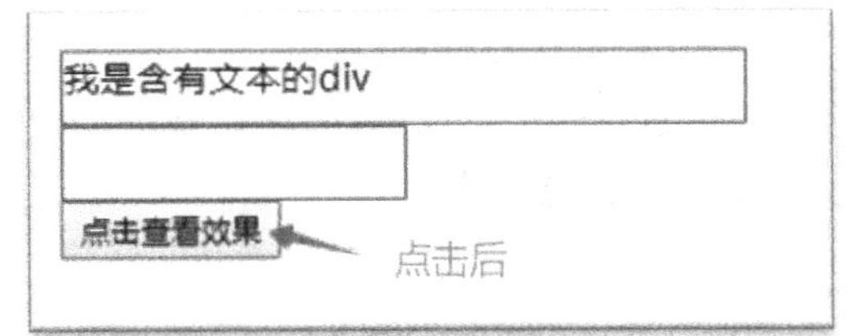

● 综合案例 2

jQuery Code：

```
1.$(function() {
2.  alert($("li:contains(' 融 ')").text());// 包含"融"的 li 的内容，结果为融创、融创软通
3.  alert($("li:empty+li").text());// 内容为空的 li 的后一个 li 的内容，结果为 IT 学院
4.  alert($("li:has(a)").text());// 包含 a 标签的 li 的内容，结果为 jQuery
5.});
```

HTML Code：

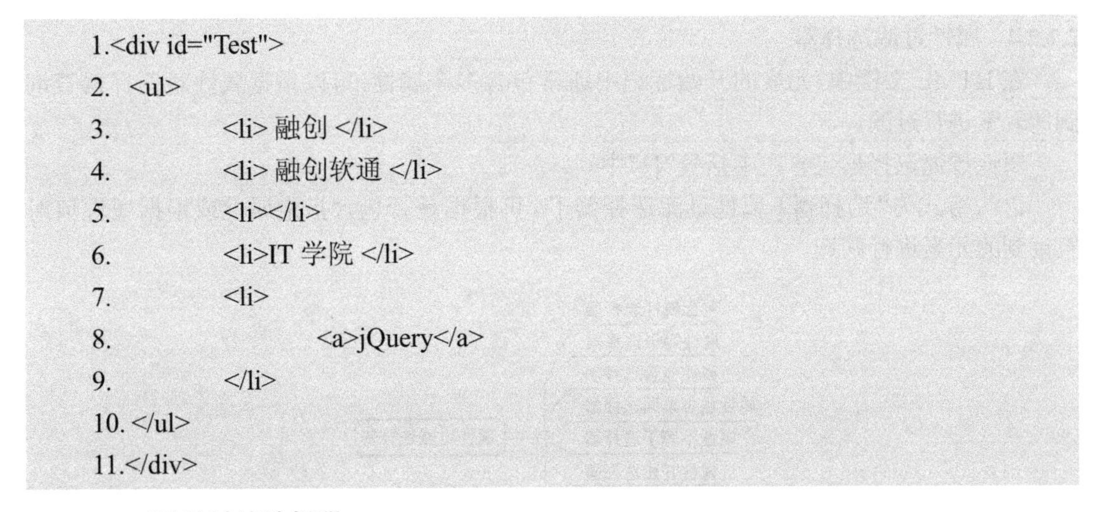

```
1.<div id="Test">
2.  <ul>
3.          <li> 融创 </li>
4.          <li> 融创软通 </li>
5.          <li></li>
6.          <li>IT 学院 </li>
7.          <li>
8.                  <a>jQuery</a>
9.          </li>
10. </ul>
11.</div>
```

2.2.2.3 可见性过滤选择器

如果某元素及其父元素在文档中占用空间，则认为该元素可见；反之，则认为该元素不可见。

可见性过滤选择器比较简单，包含以下两种选择器，主要用来匹配所有可见元素和不可见元素。

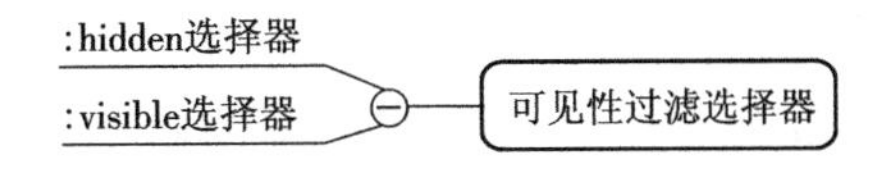

1. :hidden 选择器

:hidden 选择器用于选择所有不可见元素。

格式：$("selector:hidden")

其中 selector 为任意有效选择器。

2. :visible 选择器

:visible 选择器用于选择所有可见元素。

格式：$("selector:visible")

其中 selector 为任意有效选择器。

● **综合案例**

点击 button 按钮能够将所有可见元素中的文本颜色设置为蓝色。

jQuery Code：

```
1.$(document).ready(function(){
2.  $("button").click(function(){
3.    $(":visible").css({color:"blue"});
4.  });
5.});
```

2.2.2.4 属性过滤选择器

在 HTML 文档中，元素的开始标记中通常包含多个属性，可以根据属性对选择器查询到的元素进行过滤。

属性过滤选择器包含在中括号“[]”中。

语法格式为“选择器 [属性过滤选择器]”，可根据是否包含指定属性或根据属性值对查询到的元素进行筛选。

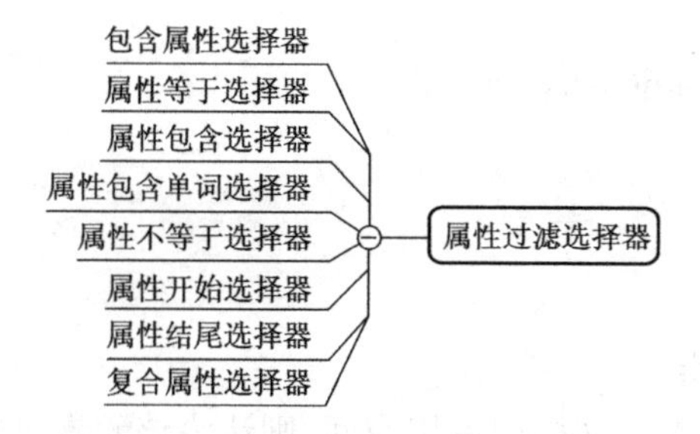

1. 包含属性选择器

包含属性选择器用于选择包含给定属性的所有元素。

格式：$("selector[attribute]")

例：$("div[id]") // 从文档中选择包含 id 属性的 div 元素

2. 属性等于选择器

属性等于选择器用于选择给定属性等于某特定值的所有元素。

格式：$("selector[attribute=value]")

例：$("input[name=accept]").attr("checked","true");

3. 属性包含选择器

属性包含选择器用于选择给定属性包含给定子字符串的所有元素。

格式：$("selector[attribute*=value]")

例：$("input[name*='news']").val("name 中包含 news 的元素");

4. 属性包含单词选择器

属性包含单词选择器用于选择给定属性包含给定单词（由空格分隔）的所有元素。

格式：$("selector[attribute~=value]")

例：$("input[name~='news']").val("name 中包含单词 news 的元素");

5. 属性不等于选择器

属性不等于选择器用于选择不包含给定属性，或者包含指定属性但该属性不等于某特定值的所有元素。

格式：$("selector[attribute!=value]")

6. 属性开始选择器

属性开始选择器用于选择给定属性是以某特定值开始的所有元素。

格式：$("selector[attribute^=value]")

7. 属性结尾选择器

属性结尾选择器用于选择给定属性是以某特定值结尾的所有元素。

格式：$("selector[attribute$=value]")

8. 复合属性选择器

复合属性选择器用于选择同时满足多个条件的所有元素。

格式：$("selector[selector1][selector2]...[selectorN]")

例：$("input[id][name^='news']").val(" 选择包含 id 属性且 name 属性以 news 开头的文本框 ");

- **综合案例**

jQuery Code：

```
1.<script type="text/javascript">
2.  $(document).ready(function() {
3.      alert($("input[name='company']").val());//name 为 company 的值，结果为融创软
通
4.      alert($("input[name^='emp']").val());//name 以 emp 开始的值，结果为张建军
5.      alert($("input[name$='loyee']").val());//name 以 loyee 结束的值，结果为张建军
6.      alert($("input[name*='ea']").val());//name 包含 ea 的值，结果为何晶
7.  });
8.</script>
```

HTML Code：

```
1.<input type="text" name="company" value=" 融创软通 " />
2.<input type="text" name="employee" value=" 张建军 " />
3.<input type="text" name="teacher" value=" 何晶 " />
```

2.2.2.5 子元素过滤选择器

HTML 由层层嵌套在一起的标签组成，由于一些标签需要单独处理，因此如何选取一个标签或者一些特定的嵌套标签就成了一个问题。子元素过滤选择器解决了这个问题，它包括四个选择器。子元素过滤选择器必须与某个选择器一起使用，得到一个父元素数组，然后按照子元素过滤选择器指定的索引编号或规则筛选出部分子元素。

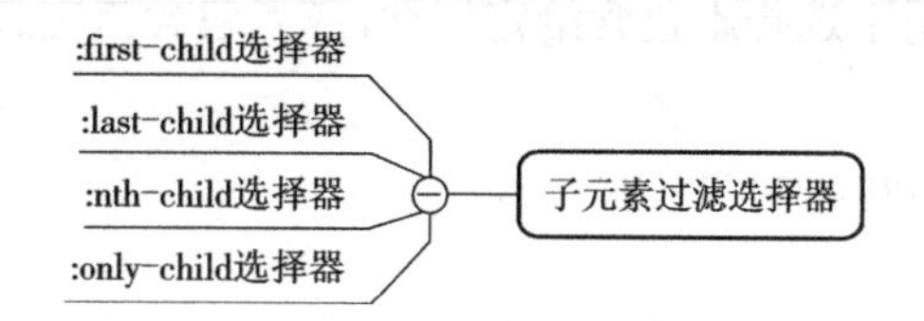

1. :first-child 选择器

:first-child 选择器用于选择其父级的第一个子元素的所有元素。

格式：$("selector:first-child")

例：$("ul:first-child").css("text-decoration","underline"); // 第一个列表的文本都添加下画线

2. :last-child 选择器

:last-child 选择器用于选择其父级的最后一个子元素的所有元素。

格式：$("selector:last-child")

3. :nth-child 选择器

:nth-child 选择器用于选择其父级的第 *n* 个子元素或奇偶的所有元素。

格式：$("selector:nth-child(index/even/odd/equation)")

4. :only-child 选择器

:only-child 选择器用于选择某元素的唯一子元素。

格式：$("selector:only-child")

专家举例

```
1.$('li:first-child').css('background', '#ccc'); // 每个父元素的第一个 li 元素
2.$('li:last-child').css('background', '#ccc'); // 每个父元素的最后一个 li 元素
3.$('li:only-child').css('background', '#ccc'); // 每个父元素的唯一 li 元素
4.$('li:nth-child(odd)').css('background', '#ccc'); // 每个父元素的奇数 li 元素
5.$('li:nth-child(even)').css('background', '#ccc'); // 每个父元素的偶数 li 元素
6.$('li:nth-child(2)').css('background', '#ccc'); // 每个父元素的第三个 li 元素
```

● 综合案例

jQuery Code：

```
1.$(document).ready(function() {
2.  $("li:first-child").css("color", "red");
3.});
```

HTML Code：

```
1.<h3> 设置“蔬菜和水果”中第一行的文字颜色 </h3>
2.<ul>
3.  <li> 芹菜 </li>
4.  <li> 茄子 </li>
5.  <li> 萝卜 </li>
6.  <li> 大白菜 </li>
7.  <li> 西红柿 </li>
8.</ul>
9.<ul>
10.   <li> 橘子 </li>
11.   <li> 香蕉 </li>
12.   <li> 葡萄 </li>
13.   <li> 苹果 </li>
14.   <li> 西瓜 </li>
15.   </ul>
```

运行结果：

设置“蔬菜和水果”中第一行的文字颜色

- 芹菜
- 茄子
- 萝卜
- 大白菜
- 西红柿

- 橘子
- 香蕉
- 葡萄
- 苹果
- 西瓜

2.2.2.6 表单域属性过滤选择器

这种选择器包含以下四种类型，用来匹配可用元素、不可用元素、选中的元素等。

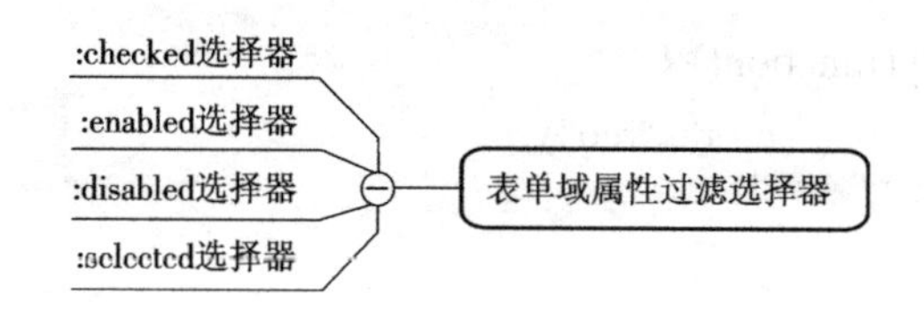

1. :checked 选择器

:checked 选择器用于选择所有被选中的表单域。

格式：$("selector:checked")

该选择器可指定要查找的元素类型，可以是 input（单选按钮和复选框）、radio（单选按钮）、checkbox（复选框）。

2. :enabled 选择器

:enabled 选择器用于选择所有可用的表单域。

格式：$("selector:enabled")

3. :disabled 选择器

:disabled 选择器用于选择所有禁用的表单域。

格式：$("selector:disabled")

4. :selected 选择器

:selected 选择器用于选择所有选中的选项（option）元素。

格式：$("selector:selected")

● **综合案例**

jQuery Code：

```
1.$(document).ready(function() {
2.
3.  //<button id="btn1"> 对表单内可用 input 赋值操作 </button>
4.  $("#btn1").click(function() {
5.              $("input:enabled").val(" 软通动力 ")
6.  });
7.
8.  //<button id="btn2"> 对表单内不可用 input 赋值操作 </button>
9.  $("#btn2").click(function() {
10.             $("input:disabled").val(" 融创软通 ");
11. });
12.
13. //<button id="btn3"> 获取多选框选中的个数 </button>
```

```
14. $("#btn3").click(function() {
15.         alert($("input:checked").length)
16. });
17.
18. //<button id="btn4"> 获取下拉框选中的内容 </button>
19. $("#btn4").click(function() {
20.         /**
21.          * 1: 要遍历的元素的角标
22.          *
23.          * 2: 遍历出来的对应的 DOM
24.          */
25.         $("select>option:selected").each(function(index, docxml) {
26.                 //alert(docxml.value);
27.                 alert($(docxml).text());
28.         });
29. });
30.});
```

HTML Code：

```
1.<h3> 表单对象属性过滤选择器 </h3>
2.<form id="form1" action="#">
3. <button type="reset"> 重置所有表单元素 </button>
4. <input type="checkbox" id="isreset" checked="checked" /><label for="isreset"> 点击下列按钮时先自动重置页面 </label>
5. <br /><br />
6. <button id="btn1"> 对表单内可用 input 赋值操作 </button>
7. <button id="btn2"> 对表单内不可用 input 赋值操作 </button>
8. <button id="btn3"> 获取多选框选中的个数 </button>
9. <button id="btn4"> 获取下拉框选中的内容 </button>
10.
11. <br /><br /> 可用元素：
12.
13. <input name="add" value=" 可用文本框 " /><br/> 不可用元素：
14. <input name="email" disabled="disabled" value=" 不可用文本框 " /><br/> 可用元素：
15. <input name="che" value=" 可用文本框 " /><br/> 不可用元素：
```

```
16. <input name="name" disabled="disabled" value=" 不可用文本框 " /><br/>
17. <br/> 多选框：
18. <br/>
19. <input type="checkbox" name="newsletter" checked="checked" value="test1" />test1
20. <input type="checkbox" name="newsletter" value="test2" />test2
21. <input type="checkbox" name="newsletter" value="test3" />test3
22. <input type="checkbox" name="newsletter" checked="checked" value="test4" />test4
23. <input type="checkbox" name="newsletter" value="test5" />test5
24. <div></div>
25.
26. <br/><br/> 下拉列表 1：
27. <br/>
28. <select name="test" multiple="multiple" style="height:100px">
29.         <option> 浙江 </option>
30.         <option selected="selected" value=" 湖南 ">hunan</option>
31.         <option> 北京 </option>
32.         <option selected="selected" value=" 天津 ">tianjin</option>
33.         <option> 广州 </option>
34.         <option> 湖北 </option>
35. </select>
36. <br/><br/> 下拉列表 2：
37. <br/>
38. <select name="test2">
39.         <option> 浙江 </option>
40.         <option> 湖南 </option>
41.         <option selected="selected" value=" 北京 ">beijing</option>
42.         <option> 天津 </option>
43.         <option> 广州 </option>
44.         <option> 湖北 </option>
45. </select>
46.</form>
```

运行结果：

2.3 jQuery 选择器速查表

选择器	实例	选取
*	$("*")	所有元素
#id	$("#lastname")	所有 id="lastname" 的元素
.class	$(".intro")	所有 class="intro" 的元素
element	$("p")	所有 <p> 元素
.class.class	$(".intro.demo")	所有 class="intro" 且 class="demo" 的元素
:first	$("p:first")	第一个 <p> 元素
:last	$("p:last")	最后一个 <p> 元素
:even	$("tr:even")	所有偶数 <tr> 元素
:odd	$("tr:odd")	所有奇数 <tr> 元素
:eq()	$("ul li:eq(3)")	列表中的第四个元素（index 从 0 开始）
:gt()	$("ul li:gt(3)")	列出 index 大于 3 的元素
:lt()	$("ul li:lt(3)")	列出 index 小于 3 的元素
:not()	$("input:not(:empty)")	所有不为空的 <input> 元素
:header	$(":header")	所有标题元素 <h1>~<h6>
:animated	$(":animated")	所有动画元素

续表

选择器	实例	选取
:contains()	$(":contains('91isoft')")	所有包含指定字符串的元素
:empty	$(":empty")	所有无子（元素）节点的元素
:hidden	$("p:hidden")	所有隐藏的 <p> 元素
:visible	$("table:visible")	所有可见的表格
s1,s2,s3	$("th,td,.intro")	所有具有匹配选择的元素
[attribute]	$("[href]")	所有具有 href 属性的元素
[attribute=value]	$("[href='#']")	所有具有 href 属性且值等于"#"的元素
[attribute!=value]	$("[href!='#']")	所有具有 href 属性且值不等于"#"的元素
[attribute$=value]	$("[href$='.jpg']")	所有具有 href 属性且值包含".jpg"的元素
:input	$(":input")	所有 <input> 元素
:text	$(":text")	所有 type="text" 的 <input> 元素
:password	$(":password")	所有 type="password" 的 <input> 元素
:radio	$(":radio")	所有 type="radio" 的 <input> 元素
:checkbox	$(":checkbox")	所有 type="checkbox" 的 <input> 元素
:submit	$(":submit")	所有 type="submit" 的 <input> 元素
:reset	$(":reset")	所有 type="reset" 的 <input> 元素
:button	$(":button")	所有 type="button" 的 <input> 元素
:image	$(":image")	所有 type="image" 的 <input> 元素
:file	$(":file")	所有 type="file" 的 <input> 元素
:enabled	$(":enabled")	所有激活的 <input> 元素
:disabled	$(":disabled")	所有禁用的 <input> 元素
:selected	$(":selected")	所有被选取的 <input> 元素
:checked	$(":checked")	所有被选中的 <input> 元素

小结

学习 jQuery 之前，首先要学习 jQuery 选择器，还要区分 jQuery 对象与 DOM 对象。

本章对所有已知的 jQuery 选择器进行了阐述，熟练掌握这些选择器对快速编写各种 jQuery 效果大有帮助。

经典面试题

1. jQuery 有哪几种选择器？
2. 学完 jQuery 选择器有什么经验总结？
3. 如何找到所有 HTML select 标签的选中项？
4. 如何在点击一个按钮时使用 jQuery 隐藏一张图片？
5. jQuery 里的 #id 选择器和 .class 选择器有何不同？
6. 网页上有五个 <div> 元素，如何使用 jQuery 选择它们？
7. 如何使用 jQuery 选择器选择某个元素以外的所有元素？
8. 如何知道 jQuery 选择器中是否有元素？
9. 如何获得某元素后面第一个含有 div 的同级元素？
10. 使用 jQuery 元素选择器设置 table 中每行第二列元素的背景颜色。

跟我上机

1. 使用 jQuery 选择器完成一个简单发帖功能，如下所示。

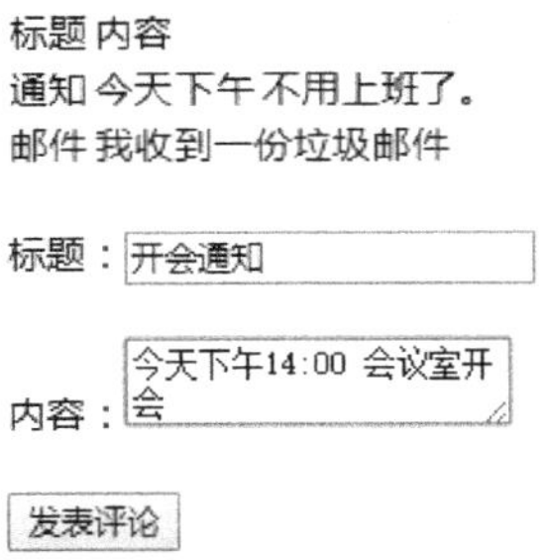

标题 内容
通知 今天下午不用上班了。
邮件 我收到一份垃圾邮件

标题：开会通知

内容：今天下午14:00 会议室开会

发表评论

2. 使用 jQuery 选择器完成相应的功能。

通讯录

☑	用户ID	用户名	电话	地址
☑	1	张建军	13511111111	天津河北
☑	2	何晶	18822222222	天津河西
☑	3	高雅	13611122221	天津和平
☑	4	张哲	18012312312	天津南开
全选 取消全选 反选				
批量删除				

点击“批量删除”按钮，结果如下所示：

127.0.0.1:8021 显示：

批量删除的:1,2,3,4

确定

第 3 章　jQuery 事件函数

本章要点（掌握了在方框里打钩）：

- □ 了解 jQuery 事件函数
- □ 掌握事件的绑定与反绑定
- □ 掌握事件触发器 (trigger) 的使用
- □ 熟练掌握事件的交互处理
- □ 熟练使用 jQuery 的内置事件类型

jQuery 事件函数是 jQuery 中的核心函数。事件处理程序指的是当 HTML 中发生某些事件时所调用的方法。通常把 jQuery 代码放到 <head> 部分的事件处理方法中。

jQuery 是为处理 HTML 事件而特别设计的，当遵循以下原则时，代码更恰当且更易维护：

（1）把所有 jQuery 代码置于事件处理函数中；

（2）把所有事件处理函数置于文档就绪事件处理器中；

（3）把 jQuery 代码置于单独的 .js 文件中；

（4）如果存在名称冲突，则重命名 jQuery 库。

3.1 页面载入完毕响应事件

所谓页面载入完毕指 DOM 元素载入就绪，能够被读取和操作。

ready(fn) 是 jQuery 事件模块中最重要的一个函数，可以看作 window.onload 注册事件的替代方法。使用这个方法，可以在 DOM 载入就绪时立刻调用所绑定的函数，而几乎所有的 JavaScript 函数都需要在那一刻执行。它有一种很简单的缩写形式：$(document).ready(function(){}) => $(function(){})。

3.2 绑定与反绑定事件

3.2.1 绑定事件

语法：bind(type,[data],fn)；返回值：Object。

参数说明如下。

type：事件类型 String。

data：可选，作为 event.data 属性值传递给后面 fn 的实参 Object。

fn：绑定到事件上的函数 Function。

bind 就是将某函数与某元素的某事件绑定在一起，如：

```
$("#id").click(function(){})// 将一个匿名函数与 id 元素的 click 事件绑定在一起
```

上面的例子是缩写形式，因为其是简单常用的事件绑定，正规写法如下：

```
$("#id").bind("click",[data],function(){})
```

3.2.1.1 为处理函数传递参数

bind() 函数的第二个参数及 event.data 属性为 fn 函数传递参数。

专家举例

jQuery Code：

```
1.$(function() {
2.        $("#btn").bind("click", {
3.                first: "1",
4.                second: "2"
5.        }, function(event) {
6.                if(event.data.first == "1") {
7.                        $("#txt").val(" 融创软通科技 ");
8.                }
9.                if(event.data.second == "1") {
10.                       $("#txt").val("second==2,这个语句不执行 ");
11.               }
12.       });
13.});
```

HTML Code：

```
1.<input id="txt" type="text" />
2.<input id="btn" type="button" value=" 显示公司名称 "/>
```

运行结果：

融创软通科技 显示公司名称

专家提醒

第二个参数 data 为一个 JSON 对象，在 fn 函数中通过 event.data 键名获得参数值。

3.2.1.2 阻止浏览器默认的操作

有时 bind 绑定的函数会与浏览器默认的操作发生冲突，这时如果想阻止浏览器默认的操作，只需在 fn 后面加一句“return false;”。

```
$("form").bind("submit",function(){
return false; // 阻止表单提交
});
```

3.2.2 反绑定事件

3.2.2.1 unbind([type],[fn 名])

解除与某元素的某事件绑定在一起的某函数。

语法：unbind([type],[fn 名]);返回值：Object。

参数说明如下。

type：事件类型 String。

fn 名：要被解除绑定的函数名 Function。

注：以上两个参数都是可选参数，如果参数为空，就解除所有匹配元素的所有事件所绑定的函数。

专家举例

```
1.$(function() {
2.        // 点击 btn1 后，解除所有为 type=text 文本框的事件所绑定的函数
3.        $(function() {
4.                $("#btn1").click(function() {
5.                        $("input[type=text]").unbind();
6.                });
7.        });
8.});
```

3.2.2.2 one(type,[data],fn)

为某元素的某事件所绑定的某函数只能被执行一次。

语法：one(type,[data],fn);返回值：Object。

参数说明如下。

type：事件类型 String。

data：可选，作为 event.data 属性值传递给后面 fn 的实参 Object。

fn：绑定到事件上的函数 Function。

其使用与 bind() 函数一致，不同之处是 one() 函数里的 fn 只能被执行一次。

专家举例

```
1.$(function() {
2.                /* 只有第一次点击时才执行该事件处理函数，执行后 one() 函数
会立即移除绑定的事件处理函数 */
3.                $("#btn").one("click", function() {
4.                        alert(" 只弹出一次提示框 !");
5.                });
6.});
```

3.3 事件触发器

上述绑定的函数需要用户进行一定的操作才会被执行，如 click 事件绑定的函数需要用户点击相应的元素才会被执行。事件触发器可以用代码模拟用户的操作执行事件所绑定的函数，而不需要用户进行操作。

语法：trigger(type,[data])；返回值：Object。

参数说明如下。

type：事件类型 String。

data：可选，传递给触发的事件所绑定的函数的实参 Array（是一个 JavaScript 数组）。

事件触发器触发匹配元素的某类事件所绑定的所有函数，当这类事件与浏览器的默认操作发生冲突时，该事件触发器执行浏览器默认的操作。

专家举例

jQuery Code：

```
1.$(function() {
2.              var $btn1 = $("#btn1");
3.              // 为 btn1 元素的 click 事件绑定事件处理函数
4.              // 如果传入了一个有效的额外参数，则再次触发 click 事件
5.              $btn1.bind("click", function(event, arg1) {
6.                      alert(" 按钮点击事件被自动触发 ");
7.                      if(arg1) //arg1==true 再次触发一次
8.                              $(this).trigger(event);
9.              });
10.             $btn1.trigger("click", true);
11. });
```

HTML Code：

```
<input id="btn1" type="button" value=" 点击 1" />
```

运行结果：

第一次运行输出两次如下对话框：

127.0.0.1:8021 显示：

按钮点击事件被自动触发

确定

点击按钮输出一次上面的对话框。

3.4 事件的交互处理

3.4.1 hover: 模仿鼠标悬停

语法：hover(over,out)；返回值：Object。

参数说明如下。

over：鼠标移到元素上触发的函数 Function。

out：鼠标移出元素后触发的函数 Function。

专家举例

jQuery Code：

```
1.$(function() {
2.            $("#hover1").hover(function() {
3.                        $("#hoverpd").show();
4.            }, function() {
5.                        $("#hoverpd").hide();
6.            });
7.});
```

HTML Code：

```
1.<input type="text" id="hover1" />
2.<span id="hoverpd" style="display:none;"> 判断用户输入 </span>
```

运行结果：

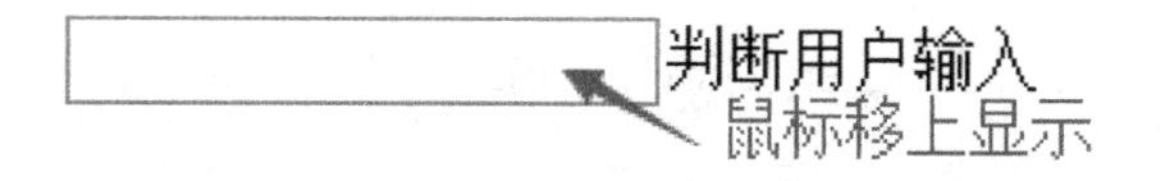

3.4.2 toggle: 多次单击的循环响应

为匹配元素的单击事件添加许多绑定函数，这些函数随着不停地单击该元素而循环执行。

语法：toggle(fn1,fn2,fn3,...)；返回值：Object；fn1,fn2,fn3,...；要循环的函数：Function。

专家举例

jQuery Code：

```
1.var i=0;
2.$(function(){$("#toggle1").toggle(function(){i++;$("#hover1").val(i)},
```

```
3.function(){i=i+2;$("#hover1").val(i)})
4.});
HTML Code:
<input type="button" id="toggle1" value="toggle"/>
```

3.5 jQuery 内置事件

3.5.1 jQuery 内置事件函数的两种声明方式

第一种：通过方法名给元素绑定事件。

```
1.$("#myElement").click(function() {
2.     alert($(this).val());
3.});
```

第二种：通过 bind 方法给元素绑定事件。

```
1.$('li').bind('click', function(event) {});
```

3.5.2 jQuery 内置事件的分类

3.5.2.1 浏览器相关事件

error(fn)：匹配元素发生错误时触发某函数，error 事件没有标准，如当图像的 src 无效时会触发图像的 error 事件。

load(fn)：匹配元素加载完后触发某函数，如 window 在所有 DOM 对象加载完后才触发，其他单个元素在单个元素加载完后触发某函数。

resize(fn)：匹配元素大小改变时触发某函数。

scroll(fn)：滚动条发生变化时触发某函数。

3.5.2.2 表单相关事件

change(fn)：在匹配元素失去焦点时触发某函数，也会在匹配元素获得焦点时触发某函数。

select(fn)：当用户在文本框中选中某段文字时触发某函数。

submit(fn)：在提交表单时触发某函数。

3.5.2.3 键盘操作相关事件

keydown(fn)：在键盘按下时触发某函数。

keypress(fn)：在键盘按下又弹起时触发某函数，顺序是 keydown → keyup → keypress。

keyup(fn)：在键盘弹起时触发某函数。

3.5.2.4 鼠标操作相关事件

click(fn)：顺序是 mousedown → mouseup → click。

mousedown(fn)：当鼠标指针移动到元素上方并按下鼠标按键时，会发生 mousedown 事件。

mouseup(fn)：当在元素上放松鼠标按键时，会发生 mouseup 事件。

dblclick(fn)：当双击元素时，会发生 dblclick 事件。

mouseover(fn)：当鼠标指针位于元素上方时，会发生 mouseover 事件。

mouseout(fn)：当鼠标指针从元素上移开时，发生 mouseout 事件。

mousemove(fn)：在匹配元素上移动时触发，事件处理函数会被传递一个变量——事件对象（其 clientX、clientY 属性代表鼠标坐标）。

专家举例

jQuery Code：

```
// 鼠标拖拽的例子
1.$(function() {
2.        /* 移动窗口的步骤：1. 按下鼠标左键；2. 移动鼠标 */
3.        $('div').mousedown(function(e) {
4.                // e.pageX
5.                var positionDiv = $(this).offset();
6.                var distanceX = e.pageX - positionDiv.left;
7.                var distanceY = e.pageY - positionDiv.top;
8.                //alert(distanceX)
9.                // alert(positionDiv.left);
10.               $(document).mousemove(function(e) {
11.                       var x = e.pageX - distanceX;
12.                       var y = e.pageY - distanceY;
13.                       if(x < 0) {
14.                               x = 0;
15.                       } else if(x > $(document).width() - $('div').outerWidth(true)) {
16.                               x = $(document).width() - $('div').outerWidth(true);
17.                       }
18.                       if(y < 0) {
19.                               y = 0;
20.                       } else if(y > $(document).height() - $('div').outerHeight(true)) {
21.                               y = $(document).height() - $('div').outerHeight(true);
22.                       }
```

```
23.                         $('div').css({
24.                                 'left': x + 'px',
25.                                 'top': y + 'px'
26.                         });
27.                 });
28.                 $(document).mouseup(function() {
29.                         $(document).off('mousemove');
30.                 });
31.         });
32. });
```

3.5.2 5 界面显示相关事件

blur(fn)：在匹配元素失去焦点时触发，事件来源既可以是鼠标，又可以是 Tab 键。

focus(fn)：在匹配元素获得焦点时触发，事件来源既可以是鼠标，又可以是 Tab 键。

专家举例

jQuery Code：

```
// 验证用户名是否存在
1.$('#username').focus(function() {// 获得焦点时触发的事件
2.                 $('#username').val('');
3. });
4.
5.  $('#username').blur(function() { // 失去焦点时触发的事件
6.         if($('#username').val() == 'marry') {
7.                 $('#msg').text(' 用户名已存在！ ');
8.         } else {
9.                 $('#msg').text('OK!');
10.        }
11. });
```

HTML Code：

```
1.<input type="text" id="username" /><span id="msg"></span>
```

运行结果：

marry 用户名已存在！

融创 OK！

3.6 jQuery 事件函数表

event 函数	绑定函数至
$(document).ready(function)	将函数绑定至文档的就绪事件（当文档完成加载时）
$(selector).click(function)	触发或将函数绑定至被选元素的单击事件
$(selector).dblclick(function)	触发或将函数绑定至被选元素的双击事件
$(selector).focus(function)	触发或将函数绑定至被选元素的获得焦点事件
$(selector).mouseover(function)	触发或将函数绑定至被选元素的鼠标悬停事件

3.7 jQuery 事件函数速查表

方法	描述
bind()	为匹配元素附加一个或多个事件处理器
blur()	触发或将函数绑定至指定元素的 blur 事件
change()	触发或将函数绑定至指定元素的 change 事件
click()	触发或将函数绑定至指定元素的 click 事件
dblclick()	触发或将函数绑定至指定元素的 double click 事件
delegate()	为匹配元素当前或未来的子元素附加一个或多个事件处理器
die()	移除所有通过 live() 函数添加的事件处理程序
error()	触发或将函数绑定至指定元素的 error 事件
event.isDefaultPrevented()	返回 event 对象是否调用了 event.preventDefault()
event.pageX	相对于文档左边缘的鼠标位置
event.pageY	相对于文档上边缘的鼠标位置
event.preventDefault()	阻止事件的默认动作
event.result	包含由被指定事件触发的事件处理器返回的最后一个值
event.target	触发事件的 DOM 元素
event.timeStamp	该属性返回从 1970 年 1 月 1 日到事件发生时的毫秒数
event.type	描述事件的类型
event.which	指示按了哪个键或按钮
focus()	触发或将函数绑定至指定元素的 focus 事件

续表

方法	描述
keydown()	触发或将函数绑定至指定元素的 key down 事件
keypress()	触发或将函数绑定至指定元素的 key press 事件
keyup()	触发或将函数绑定至指定元素的 key up 事件
live()	触发或将函数绑定至指定元素的 live 事件
load()	触发或将函数绑定至指定元素的 load 事件
mousedown()	触发或将函数绑定至指定元素的 mousedown 事件
mouseenter()	触发或将函数绑定至指定元素的 mouseenter 事件
mouseleave()	触发或将函数绑定至指定元素的 mouseleave 事件
mousemove()	触发或将函数绑定至指定元素的 mousemove 事件
mouseout()	触发或将函数绑定至指定元素的 mouseout 事件
mouseover()	触发或将函数绑定至指定元素的 mouseover 事件
mouseup()	触发或将函数绑定至指定元素的 mouseup 事件
one()	为匹配元素添加事件处理器，每个元素只能触发一次该处理器
ready()	文档就绪事件（当 HTML 文档就绪可用时）
resize()	触发或将函数绑定至指定元素的 resize 事件
scroll()	触发或将函数绑定至指定元素的 scroll 事件
select()	触发或将函数绑定至指定元素的 select 事件
submit()	触发或将函数绑定至指定元素的 submit 事件
toggle()	绑定两个或多个事件处理器函数，当发生轮流的 click 事件时执行
trigger()	触发所有匹配元素的指定事件
triggerHandler()	触发第一个匹配元素的指定事件
unbind()	从匹配元素中移除一个被添加的事件处理器
undelegate()	现在或将来从匹配元素中移除一个被添加的事件处理器
unload()	触发或将函数绑定至指定元素的 unload 事件

3.8 综合案例

jQuery Code：

```
1.$(function() {
2.          $("form :input.required").each(function() {
3.                    var $required = $("<strong class='high'> *</strong>"); // 创建元素
4.                    $(this).parent().append($required); // 将它追加到文档中
5.          });
6.          // 文本框失去焦点后
7.          $('form :input').blur(function() {
8.                    var $parent = $(this).parent();
9.                    $parent.find(".formtips").remove();
10.                   // 验证用户名
11.                   if($(this).is('#username')) {
12.                             if(this.value == "" || this.value.length < 6) {
13.                                       var errorMsg = ' 请输入至少 6 位的用户名 ';
14.                                       $parent.append('<span class="formtips onError">' +
errorMsg + '</span>');
15.                             } else {
16.                                       var okMsg = ' 输入正确 ';
17.                                       $parent.append('<span class="formtips onSuccess">'
+ okMsg + '</span>');
18.                             }
19.                   }
20.                   // 验证邮件
21.                   if($(this).is('#email')) {
22.                             if(this.value == "" || (this.value != "" && !/.+@.+\.[a-zA-Z]
{2,4}$/.test(this.value))) {
23.                                       var errorMsg = ' 请输入正确的 E-mail 地址 ';
24.                                       $parent.append('<span class="formtips onError">' +
errorMsg + '</span>');
25.                             } else {
26.                                       var okMsg = ' 输入正确 ';
27.                                       $parent.append('<span class="formtips onSuccess">' +
okMsg + '</span>');
28.                             }
```

```
29.                         }
30.                         }).keyup(function() {
31.                                 $(this).triggerHandler("blur");
32.                         }).focus(function() {
33.                                 $(this).triggerHandler("blur");
34.                         }); // 失去焦点，事件结束
35.
36.                         // 提交，最终验证
37.                         $('#send').click(function() {
38.                                 $("form :input.required").trigger('blur');
39.                                 var numError = $('form .onError').length;
40.                                 if(numError) {
41.                                         return false;
42.                                 }
43.                                 alert(" 注 册 成 功，密 码 已 发 到 你 的 邮 箱，请
查收 ");
44.                         });
45.
46.                         // 重置
47.                         $('#res').click(function() {
48.                                 $(".formtips").remove();
49.                         });
50.})
```

HTML Code：

```
1.<form method="post" action="">
2.          <div class="int">
3.                  <label for="username"> 用户名：</label>
4.                  <!-- 为每个需要的元素添加 required -->
5.                  <input type="text" id="username" class="required" />
6.          </div>
7.          <div class="int">
8.                  <label for="email"> 邮箱：</label>
9.                                  <input type="text" id="email" class="required" />
10.         </div>
11.         <div class="int">
12.                 <label for="personinfo"> 个人资料：</label>
```

```
13.                 <input type="text" id="personinfo" />
14.         </div>
15.         <div class="sub">
16.                 <input type="submit" value=" 提交 " id="send" /><input type="reset"
id="res" />
17.         </div>
18. </form>
```

小结

事件是 JavaScript 的灵魂，所以本章内容也是 jQuery 学习的重点。传统的 JavaScript 事件是以“on+ 事件名”命名的，如 onClick()、onChange() 等；jQuery 则直接以事件命名，如 click()、change() 等。

由于 jQuery 中的事件正在向兼容浏览器的方向发展，所以推荐使用 jQuery 中的事件，而抛弃传统事件。

经典面试题

1. jQuery 中有哪些基础事件方法？
2. jQuery 如何删除指定事件？
3. 如何用 jQuery 获取事件源？
4. jQuery 事件处理和事件委派的区别是什么？
5. jQuery 如何为 DIV 添加点击事件？
6. jQuery 怎么实现空格键触发事件？
7. 如何通过 jQuery 实现长按 3 秒触发某事件？
8. jQuery 如何实现给两个标签绑定一个事件？
9. 列举 jQuery 事件的分类。
10. 当改变窗口或屏幕大小时调用 function，使用 jQuery 的哪个事件？

跟我上机

使用 jQuery 验证表单，界面效果如下：

用户名: 用户名至少6个字符，最多10个字符

密码: 密码不能为空，请确认

重复密码: 重复密码不能为空，请确认

你的性别: 男 女

你的年龄: 26

出生日期: 1982-09-21

身份证号 你输入的身份证号长度或格式错误

电子邮箱: @ 你输入的邮箱长度非法，请确认

你的学历: 专科

额外校验: 这里至少要一个字符，请确认

国家区号 86 - 地区区号 - 电话号码 - 分机号码

地区区号不正确

兴趣爱好1: 乒乓球 羽毛球 上网 旅游 购物

你选的个数不对

第 4 章　jQuery 动画效果

本章要点(掌握了在方框里打钩):

- □ 掌握 jQuery 动画效果的分类
- □ 熟练掌握隐藏和显示动画效果
- □ 熟练掌握高度变化动画效果
- □ 熟练掌握淡入和淡出动画效果
- □ 掌握自定义动画函数

动画效果是 jQuery 最吸引人的特性之一，通过 jQuery 可以创建隐藏、显示、切换、滑动以及自定义动画等效果，轻松地为网页添加视觉效果，给用户一种全新的体验。jQuery 动画是一个大的系列，本章将介绍 jQuery 的三种常见动画效果——隐藏和显示、高度变化及淡入淡出。

4.1 隐藏和显示

在 CSS 中可以实现隐藏和显示，而 jQuery 中的 hide() 和 show() 方法通过改变 display 属性来实现元素的显隐效果，它们是 jQuery 中最基本的动画方法。

4.1.1 隐藏动画

4.1.1.1 hide()

hide() 方法是隐藏元素的最简单方法。如果没有参数，匹配的元素将立即被隐藏，没有动画，大致相当于调用 .css('display', 'none')。

display 属性值保存在 jQuery 的数据缓存中，所以 display 可以方便地恢复到其初始值。如果一个元素的 display 属性值为 inline，那么隐藏再显示时，这个元素将再次显示 inline。

```
1.$('#box').click(function(event){
2.  $(this).hide();
3.});
```

4.1.1.2 hide([,duration])

当提供一个持续时间参数时，hide() 就变成了一种动画方法。hide() 方法为匹配元素的宽度、高度及不透明度同时执行动画。一旦透明度达到 0，display 样式属性将被设置为 none，这个元素将不会在页面中影响布局。

持续时间以毫秒为单位，数值越大，动画越慢。其默认值为 normal，代表 400 毫秒的延时；fast 和 slow 分别代表 200 和 600 毫秒的延时。

专家举例

```
1.<html>
2.  <head>
3.          <meta http-equiv="Content-Type" content="text/html; charset=utf-8" />
4.          <title>hide 动画 </title>
5.          <script src="js/jquery-3.2.1.min.js" type="text/javascript"></script>
6.          <style>
7.                  li {
8.                          text-decoration: underline;
9.                          margin-top: 2px;
```

```
10.                 }
11.         </style>
12.         <script>
13.                 $(function() {
14.                         $('#reset').click(function() {
15.                                 $('#box').show();
16.                         });
17.                         $('#con li').click(function() {
18.                                 var value = $(this).html();
19.                                 $('#box').hide(isNaN(Number(value))  ?  value  :
Number(value))
20.                         });
21.                 });
22.         </script>
23. </head>
24. <body>
25.         <ul  id="con"  style="display:inline-block;width:100px;cursor:pointer;mar-
gin:0;padding: 0;list-style:none;">
26.                 <li>fast</li>
27.                 <li>normal</li>
28.                 <li>slow</li>
29.                 <li>100</li>
30.                 <li>1000</li>
31.         </ul>
32.         <button id="reset"> 恢复 </button>
33.         <div id="box" style="display:inline-block;height: 100px;width: 300px;back-
ground-color: lightblue"></div>
34. </body>
35.</html>
```

运行结果：

4.1.1.3 hide([,duration],[,easing])

hide() 方法可以接受一个可选参数 easing，表示过渡使用哪种缓动函数。jQuery 自身提供 linear 和 swing，默认值为 swing，也可以使用其他相关插件。linear 表示匀速直线运动，swing 表示变速运动。

专家举例

```
1.<html>
2.  <head>
3.          <meta http-equiv="Content-Type" content="text/html; charset=utf-8" />
4.          <title>hide 动画 </title>
5.          <script src="js/jquery-3.2.1.min.js" type="text/javascript"></script>
6.          <style>
7.                  li {
8.                          text-decoration: underline;
9.                          margin-top: 2px;
10.                 }
11.         </style>
12.         <script>
13.                 $(function() {
14.                         $('#reset').click(function() {
15.                                 $('#box').show();
16.                         });
17.                         $('#con li').click(function() {
18.                                 $('#box').hide(2000, $(this).html())
19.                         });
20.
21.                 });
22.         </script>
23. </head>
24. <body>
25.         <ul   id="con"   style="display:inline-block;width:100px;cursor:pointer;mar-
gin:0;padding: 0;list-style:none;">
26.                 <li>swing</li>
27.                 <li>linear</li>
28.         </ul>
29.         <button id="reset"> 恢复 </button>
30.         <div   id="box"   style="display:inline-block;height:100px;width:300px;back-
ground-color: lightblue"></div>
```

```
31. </body>
32.</html>
```

4.1.1.4 hide([,duration],[,easing],[,callback])

hide() 方法可以接受第三个参数，该参数是可选参数，表示回调函数，即动画完成时执行的函数。

```
1.<script>
2.$('#box').click(function(event){
3.  $(this).hide(1000,function(){
4.     alert(' 动画完成 ');
5.          $(this).show();
6.  });
7.});
8.</script>
```

4.1.2 显示动画

4.1.2.1 show()

show() 方法用于显示元素，与 hide() 方法用途正好相反，但用法相似。

注意：如果选择的元素是可见的，这种方法将不会改变任何内容。

如果没有参数，匹配元素将立即显示，没有动画。

```
1.$('#btn').click(function(event){
2.  $('#test').show();
3.});
```

4.1.2.2 show([,duration])

与 hide() 方法类似，当提供一个持续时间参数时，show() 就变成了一种动画方法。show() 方法为匹配元素的宽度、高度及不透明度同时执行动画。

持续时间以毫秒为单位，数值越大，动画越慢。其默认值为 normal，代表 400 毫秒的延时；fast 和 slow 分别代表 200 和 600 毫秒的延时。

专家举例

```
1.<script>
2.$('#box').hide();
3.$('#reset').click(function(){
4.  $('#box').hide();
5.});
6.$('#con li').click(function(){
```

```
7.   $('#box').show($(this).html())
8.});
9.</script>
```

4.1.2.3 show([,duration],[,easing])

show() 方法可以接受一个可选参数 easing，表示过渡使用哪种缓动函数。jQuery 自身提供 linear 和 swing，默认值为 swing。

专家举例

```
1.<script>
2.$('#box').hide();
3.$('#reset').click(function(){
4.   $('#box').hide();
5.});
6.$('#con li').click(function(){
7.   var value = $(this).html();
8.   $('#box').show(isNaN(Number(value)) ? value:Number(value))
9.});
10.</script>
```

4.1.2.4 show([,duration],[,easing],[,callback])

show() 方法可以接受第三个参数，该参数是可选参数，表示回调函数，即动画完成时执行的函数。

专家举例

```
1.<script>
2.$('#btn').click(function(event){
3. $('#box').show(1000,function(){
4.     alert(' 动画完成 ')
5. });
6.});
7.</script>
```

4.1.3 隐藏、显示的互斥切换

4.1.3.1 toggle()

show() 与 hide() 是一对互斥的方法。要对元素进行隐藏、显示的互斥切换，通常需要先判断元素的 display 状态，然后调用对应的处理方法。比如：显示的元素就要调用 hide()，反之调用 show()。对这样的操作，jQuery 提供了一种便捷的方法 toggle()，用于切换隐藏或显示匹配元素。

```
1.<script>
2.$('#btn').click(function(event){
3. $('#box').toggle();
4.});
5.</script>
```

4.1.3.2 toggle([,duration])

当提供一个持续时间参数时，toggle() 就成为一种动画方法。

```
1.<script>
2.$('#con li').click(function(){
3.   var value = $(this).html();
4.   $('#box').toggle(isNaN(Number(value)) ? value:Number(value))
5.});
6.</script>
```

4.1.3.3 toggle([,duration],[,easing])

toggle() 方法可以接受一个可选参数 easing，表示过渡使用哪种缓动函数。jQuery 自身提供 linear 和 swing，默认值为 swing。

```
1.<script>
2.$('#con li').click(function(){
3.   $('#box').toggle(2000,$(this).html())
4.});
5.</script>
```

4.1.3.4 toggle([,duration],[,easing],[,callback])

toggle() 方法可以接受第三个参数，该参数是可选参数，表示回调函数，即动画完成时执行的函数。

```
1.<script>
2.$('#btn').click(function(event){
3. $('#box').toggle(1000,function(){
4.     alert(' 动画完成 ')
5. });
6.});
7.</script>
```

4.2 高度变化

使用 show()、hide() 实现动画效果时，宽度、高度及透明度会同时变化。若只想让高度发生变化，需要使用 slideUp() 方法和 slideDown() 方法。

4.2.1 slideUp()

slideUp() 方法将元素由下到上缩短隐藏。

注意：没有参数时，持续时间默认为 400 毫秒。

```
$('#box').slideUp();
```

4.2.2 slideUp([,duration])

slideUp() 方法可以接受一个持续时间参数。

持续时间以毫秒为单位，数值越大，动画越慢。其默认值为 normal，代表 400 毫秒的延时；fast 和 slow 分别代表 200 和 600 毫秒的延时。

```
$('#box').slideUp(isNaN(Number(value)) ? value:Number(value));
```

4.2.3 slideUp([,duration],[,easing])

slideUp() 方法可以接受一个可选参数 easing，表示过渡使用哪种缓动函数。jQuery 自身提供 linear 和 swing，默认值为 swing，也可以使用其他相关插件。

```
$('#box').slideUp(2000,$(this).html())
```

4.2.4 slideUp([,duration],[,easing],[,callback])

slideUp() 方法可以接受第三个参数，该参数是可选参数，表示回调函数，即动画完成时执行的函数。

```
1.$(this).slideUp(1000,function(){
2.   alert(' 动画完成 ')
3.   $(this).show();
4.});
```

4.2.5 slideDown()

略。

4.2.6 slideToggle()

slideDown() 与 slideUp() 是一对相反的方法。对元素进行上下拉卷效果的切换，jQuery 提供了一种便捷的方法 slideToggle()，用滑动动画隐藏或显示一个匹配元素。

4.3 淡入和淡出

让元素在页面上不可见，常用的办法是设置样式的 display:none。除此之外，还可以将元素的不透明度设置为 0。不透明度是 0~1 的值，通过改变这个值可以让元素产生透明的效果。常见的淡入和淡出动画 fadeIn() 和 fadeOut() 方法正是这样的原理。

4.3.1 fadeIn()

fadeIn() 方法通过淡入的方式显示匹配元素。

```
$('#box').fadeIn();
```

4.3.2 fadeIn([,duration])

fadeIn() 方法可以接受一个持续时间参数。

持续时间以毫秒为单位，数值越大，动画越慢。其默认值为 normal，代表 400 毫秒的延时；fast 和 slow 分别代表 200 和 600 毫秒的延时。

```
$('#box').fadeIn(isNaN(Number(value)) ? value:Number(value));
```

4.3.3 fadeIn([,duration],[,easing])

fadeIn() 方法可以接受一个可选参数 easing，表示过渡使用哪种缓动函数。jQuery 自身提供 linear 和 swing，默认值为 swing，也可以使用其他相关插件。

```
$('#box').fadeIn(2000,$(this).html());
```

4.3.4 fadeIn([,duration],[,easing],[,callback])

fadeIn() 方法可以接受第三个参数，该参数是可选参数，表示回调函数，即动画完成时执行的函数。

```
1.$('#box').fadeIn(1000,function(){
2.   alert(' 动画完成 ');
3.   $('#box').hide();
4.});
```

4.3.5 fadeOut

fadeOut() 方法与 fadeIn() 方法正好相反，可以通过淡出的方式隐藏匹配元素。

4.3.6 fadeToggle

fadeToggle() 方法通过匹配元素的不透明度动画来隐藏或显示它们。

4.3.7 fadeTo()

fadeIn() 与 fadeOut() 都是修改元素样式的 opacity 属性，但是经它们修改的 opacity 要么是 0，要么是 1。如果要让元素保持动画效果，执行 opacity = 0.5 的效果，应如何处理？jQuery 提供了 fadeTo() 方法，可以让改变不透明度一步到位。

4.3.8 fadeTo(duration,opacity)

fadeTo() 方法有两个必需的参数 duration 和 opacity。

duration 表示持续时间，持续时间以毫秒为单位，数值越大，动画越慢。其默认值为 normal，代表 400 毫秒的延时；fast 和 slow 分别代表 200 和 600 毫秒的延时。

opacity 为 0~1 的数字，表示元素的不透明度。

```
1.$('#con li').click(function(){
2.    var value = $(this).html();
3.    $('#box').fadeTo(isNaN(Number(value)) ? value:Number(value),0.5);
4.});
```

可以为元素设置随机的不透明度。

```
1.$('#btn').click(function(event){
2. $('#box').fadeTo('fast',Math.random());
3.});
```

4.3.9 fadeTo(duration,opacity,[,easing])

fadeTo() 方法可以接受一个可选参数 easing，表示过渡使用哪种缓动函数。jQuery 自身提供 linear 和 swing，默认值为 swing。

```
$('#box').fadeTo('1000','0.1',$(this).html());
```

4.3.10 fadeTo(duration,opacity,[,callback])

fadeTo() 方法还可以接受一个可选参数，该参数表示回调函数，即动画完成时执行的函数。

```
1.$('#box').fadeTo(1000,'0.1',function(){
2.   alert(' 动画完成 ');
3.   $('#box').css('opacity','1');
4.});
```

4.4 自定义动画函数

animate(params,[,duration],[,easing],[,callback]) 用于创建自定义动画函数。这种函数的关键在于制定动画形式及结果样式属性对象。对象中的每个属性都表示一个可以变化的样式属性 (如 height、top 或 opacity)。注意：所有指定的属性都必须采用骆驼形式，比如用 marginLeft 而不用 marginleft。每个属性的值表示这个样式属性达到多少时动画结束。如果是一个数值，样式属性会从当前的值渐变到指定的值；如果使用的是 hide、show、toggle 这样的字符串，则会就该属性调用默认的动画形式。

```
1.$("#go").click(function() {
2.                    $("#block").animate({
3.                            width: "90%",
4.                            height: "100%",
5.                            fontSize: "10em",
6.                            borderWidth: 10
7.                    }, 1000);
8.            });
```

专家提示

stop([,clearQueue],[,gotoEnd])：停止所有正在指定元素上运行的动画。如果队列中有等待执行的动画，并且 clearQueue 没有设为 true，它们将马上被执行 clearQueue(Boolean)；如果设置成 true，则清空队列，可以立即结束动画。gotoEnd (Boolean)：让当前正在执行的动画立即完成，并且重设 show 和 hide 的原始样式，调用回调函数等。

```
// 点击按钮后停止动画
1. $("#stop").click(function() {
2.                            $(".block").stop();
3.                    });
```

4.5 jQuery 动画效果速查表

方法	描述
animate()	对被选元素应用“自定义”的动画
clearQueue()	对被选元素移除所有排队函数（仍未运行）
delay()	对被选元素的所有排队函数（仍未运行）设置延迟
dequeue()	运行被选元素的下一个排队函数
fadeIn()	淡入被选元素至完全不透明
fadeOut()	淡出被选元素至完全透明
fadeTo()	把被选元素的不透明度减小至给定值
hide()	隐藏被选元素
queue()	显示被选元素的排队函数
show()	显示被选元素
slideDown()	通过调整高度来滑动显示被选元素
slideToggle()	对被选元素进行滑动隐藏和滑动显示的切换
slideUp()	通过调整高度来滑动隐藏被选元素
stop()	停止在被选元素上运行动画
toggle()	对被选元素进行隐藏和显示的切换

小结

本章主要讲解了 jQuery 提供的三种动画函数：基本动画、滑动动画和淡入淡出动画。这三种动画基本可以满足日常开发需求。

本章还讲解了自定义动画，但对想深入研究的人来说只是抛砖引玉，可以进一步学习和练习。

开发人员一直认为做动画很困难，但是有了 jQuery 便会成为别人（那些不知道 jQuery 的人）眼里的动画高手。

经典面试题

1. jQuery 有哪些动画效果？

2. 如何使用 jQuery 实现自定义动画？
3. 如何使用 jQuery 实现隐藏、显示动画？
4. jQuery 的动画 animate 代码如何控制它的速度？
5. jQuery 如何实现动画的缩小？
6. jQuery 如何控制动画的方向？
7. 如何让 jQuery 动画效果在屏幕滚动到指定位置时才执行？
8. jQuery 如何关闭动画的定时器？
9. jQuery 动画经过 2 秒后直接隐藏 div，编写代码。
10. 如何使用 jQuery 做导航菜单的背景色跟随动画？

跟我上机

1. 实现折叠菜单的效果，如下所示：

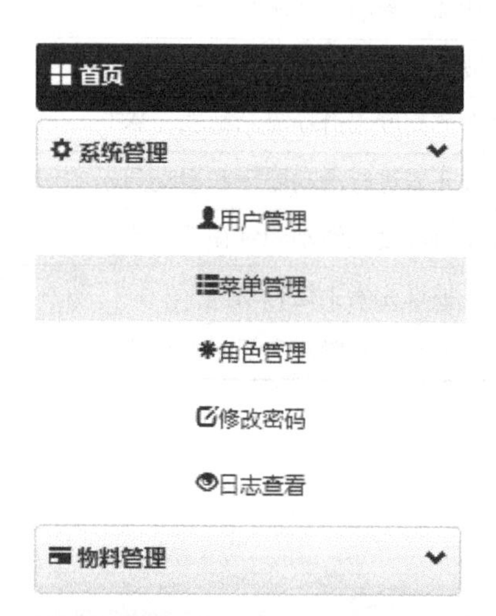

2. 实现一组图片的水平滚动，当鼠标悬停时图片停止滚动，效果如下所示：

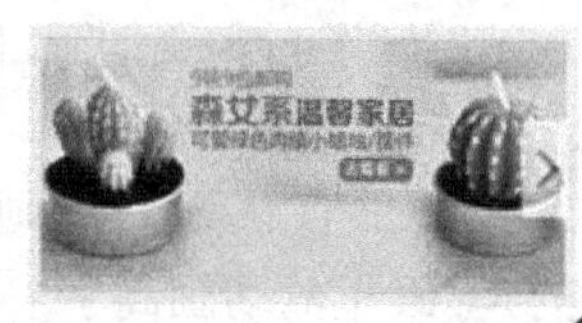

3. 实现广告页图片的轮播，当点击图片的索引时，切换显示相应的图片，效果如下所示：

第 5 章　jQuery HTML 操作

本章要点(掌握了在方框里打钩):

- □ 熟练掌握 jQuery 操作 HTML 文档的 html 函数
- □ 熟练掌握 jQuery 操作 HTML 文档的 text 函数
- □ 熟练掌握 jQuery 操作 HTML 文档的 val 函数
- □ 掌握 jQuery 操作 HTML 文档的 attr 函数
- □ 熟练掌握 jQuery 操作 HTML 文档的 css 函数
- □ 了解 jQuery 操作 HTML 文档的 CSS 位置和尺寸函数

本章主要介绍如何使用 jQuery 中的 .html()、.text() 和 .val() 这三种方法，用于读取或修改元素的 HTML 结构、元素的文本内容以及表单元素的 value 值。

jQuery 提供了多种方法用于对元素的 HTML 结构和文本内容进行操作，比如：可以在已存在的元素内部、周围、前面或者后面增加新元素；或者用一个元素替代另一个元素；也可以读取或者修改一个元素的内容或结构。

5.1 操作元素的 HTML 结构

5.1.1 获取 HTML 内容——.html()

语法：$("Element").html();// 返回值：string

说明：

.html() 方法用来获取任意元素的 HTML 内容，如果选择器同时选中多于一个元素，只能读取第一个元素的 HTML 内容。

jQuery Code：

```
1.  $(function() {
2.        var htmlString = $("ul li").html();// 取 ul 中第一个 li 的值
3.        alert(htmlString);
4.    });
```

5.1.2 改变 HTML 内容——.html(htmlString)

语法：$(selector).html(content) // 返回值：jQuery 对象

说明：重新设置第一个匹配元素的 HTML 内容，元素的所有文档内容都完全被新的内容取代。

```
1.  $("button").click(function () {
2.      $("p").html(" 融创软通 ");
3.  });
```

5.1.3 添加 HTML 内容

5.1.3.1 $(selector).append(content)

append() 函数用于向所匹配的 HTML 元素内部追加内容。

5.1.3.2 $(selector).prepend(content)

prepend() 函数用于向所匹配的 HTML 元素内部预置（prepend）内容。

5.1.3.3 $(selector).after(content)

after() 函数用于在所有匹配元素之后插入 HTML 内容。

5.1.3.4 $(selector).before(content)

before() 函数用于在所有匹配元素之前插入 HTML 内容。

5.1.4 使用一个回调函数来替换一个元素的 HTML 内容

```
语法:$("Element").html(function(index,html){...});// 返回值:jQuery 对象
```

说明:用来返回设置的 HTML 内容的一个函数,接收元素的索引位置和元素旧的 HTML 内容作为参数。

使用一个回调函数来替换一个元素的 HTML 内容,必须具备下面两个条件:

(1)当前元素的索引位置(index 值从 0 开始计算);

(2)当前元素旧的 HTML 内容。

函数的返回值随后被用来替代元素的 HTML 内容。

● **综合案例**

jQuery Code:

```
// 设置 li 元素颜色交替变化
1.  $(document).ready(function() {
2.          $("ul li").html(function(index, html) {
3.                  if(index % 2 == 0) {
4.                          return "<span style='color: red;'>" + html + "</span>";
5.                  } else {
6.                          return "<span style='color: yellow;'>" + html + "</span>";
7.                  }
8.          });
9.  });
```

5.2 操作文本

.html() 方法可以读取或修改元素的 HTML 内容,包括元素的 HTML 标签;而 .text() 方法仅仅对元素进行纯文本操作。.text() 方法和 .html() 方法一样有三种使用方法。

5.2.1 读取文本内容——.text()

```
语法:$("Element").text();// 返回值:字符串
```

专家讲解

text() 方法用来获取或者设置元素的文本内容。

将获取的匹配元素集合中每个元素的文本内容结合起来，包括它们的后代。.text() 和 .html() 方法不同，.text() 方法在 XML 和 HTML 文档中都可以使用。.text() 方法的结果是由所有匹配元素包含的文本内容组合起来的文本。

专家提醒

由于不同浏览器的 HTML 分析器不同，返回的文本换行和空格可能有所不同。

.text() 方法能获得所有匹配元素的文本内容，返回结果是由所有匹配元素包含的文本内容组合起来的文本。

```
1. <script type="text/javascript">
2.         $(document).ready(function() {
3.                 alert($("ul").text());
4.         });
5. </script>
```

5.2.2 替换文本内容——.text(textString)

语法：$("Element").text(textString); 返回值：jQuery 对象

专家讲解

.text(textString) 方法和 .html(htmlString) 方法都可以用来替换元素的内容，它们的不同之处是：.html(htmlString) 方法把 HTML 标签当作新的 HTML 标签来替换原来的内容；而 .text(textString) 把 HTML 标签转换成纯文本内容来代替元素旧的内容。

- **综合案例**

jQuery Code：

```
1. $(function() {
2.                 $("div.demo p").text('<h2 class="title"> 新加的标题 </h2><p> 我是
div.demo 中第一个 p 元素：< href="#"> 我在第一个 p 里面 </a></p>');
3.         });
```

HTML Code：

```
1. <div class="demo">
2.                 <p>
```

```
3.                          <a href="#"> 融创 </a>
4.                  </p>
5.                  <p> 我是段落二：
6.                          <a href="#"> 软通 </a>
7.                  </p>
8.          </div>
```

运行结果：

<h2 class="title">新加的标题</h2><p>我是div.demo中第一个p元素：< href="#">我在第一个p里面</a></p>

<h2 class="title">新加的标题</h2><p>我是div.demo中第一个p元素：< href="#">我在第一个p里面</a></p>

5.2.3 根据索引设置文本内容

语法：$("Element").text(function(index,text){...});// 返回值：jQuery 对象

专家讲解

返回的文本内容将用于设置每个匹配元素，index 为元素在集合中的索引位置，text 为当前元素原来的文本内容。

使用一个回调函数来替换一个元素的文本内容，必须具备下面两个条件：

（1）当前元素的索引位置（index 值从 0 开始计算）；

（2）当前元素旧的文本内容。

函数的返回值随后被用来替代元素的纯文本内容。

- **综合案例**

jQuery Code：

```
1. $("div.demo p").text(function(index, oldText) {
2.         return(index + 1) + "." + oldText;
3. });
```

HTML Code：

```
1. <div class="demo">
2.         <p>
3.                 <a href="#"> 我在第一个 p 里面 </a>
4.         </p>
5.         <p>
6.                 <a href="#"> 融创软通 </a>
7.         </p>
```

```
8. </div>
```

运行结果：

1. 我在第一个p里面

2. 融创软通

5.3 操作值

前面介绍的 .html() 和 .text() 方法都无法在 input 元素上操作。

.val() 方法与 .text() 方法一样，可以读取或修改表单字段“value”的值。它可以获取和设置表单元素的值，包括文本框、下拉列表框、单选按钮以及复选框等。

5.3.1 获取元素的值——.val()

语法：$("Element").val();// 返回值：字符串或数组

专家讲解

.val() 方法主要用于获取表单元素的值。对“<select multiple="multiple">”元素，.val() 方法返回一个包含每个选中的 option 的数组，对于下拉选择框“<select>”和复选框，单选框 ([type="checkbox"],[type="radio"]) 可以使用“:selected”和“:checked”选择器来获取值。

● 综合案例

jQuery Code：

```
1. $('#submitBtn').click(function() {
2.         alert($('#colorRadio input:checked').val());
3.         alert($('#sizeCheck input:checked').val());
4. });
```

HTML Code：

```
1.<div id="colorRadio">
2.         <input type="radio" name="color" id="rd1" value="Red" checked="checked" />Red
3.         <input type="radio" name="color" id="rd2" value="Yellow" />Yellow
4.         <input type="radio" name="color" id="rd3" value="Blue" />Blue
5. </div>
```

```
6. <div id="sizeCheck">
7.         <input type="checkbox" name="size" id="ch1" value="10 pt" checked=
"checked" />10 pt
8.         <input type="checkbox" name="size" id="ch2" value="12 pt" />12 pt
9.         <input type="checkbox" name="size" id="ch3" value="14 pt" />14 pt
10. </div>
11. <input type="button" id="submitBtn" value="Get Value" />
```

运行结果：

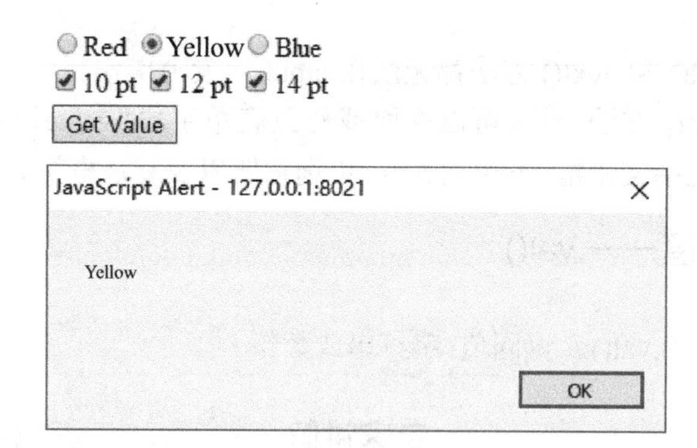

5.3.2 替换表单元素的 Value 值——.val(value)

语法：$("Element").val(value); 返回值：jQuery 对象

value 是以一个文本字符串或字符串形式的数组来设定每个匹配元素的值。

专家讲解

这种方法常用来设置表单域的值。对“<select multiple="multiple">”元素，多个 option 可以通过一个数组来选中。.val(value) 可以同时改变选中元素的 value 值，而且其值是相同的，如 $("input").val("test");。

上面的代码最终会将所有 input 的 value 值替换成“test”，在平时的应用中一般不这样使用。

- **综合案例**

jQuery Code：

```
1.$("input:text").focus(function() {
2.        var $inputTextVal = $(this).val();
3.        if($inputTextVal == this.defaultValue) {
```

```
4.                    $(this).val("");
5.           }
6.  });
7.  $("input:text").blur(function() {
8.           var $inputTextVal = $(this).val();
9.           if($inputTextVal == "") {
10.                   $(this).val(this.defaultValue);
11.          }
12. });
```

HTML Code：

```
<input type="text" id="textBox" value="Hello,jQuery!" />
```

运行结果：

Hello,jQuery!

得到焦点　　　失去焦点

5.3.3 根据索引设置元素的值—— .val(function(index, value))

```
语法：$("Element").val(function(index,value){...});// 返回值：jQuery 对象
```

专家讲解

使用这个函数的返回值可以设置每个匹配的 input 元素的 value 值。val(value) 可以将选中的表单元素的 value 值改成相同的，但往往需要设置成不同的 value 值，此时就需使用这种方法，通过一个函数来设置这个值。这个函数有两个参数，即当前元素的索引值和它当前的值。

- **综合案例**

jQuery Code：

```
1.$("input:radio[name=color]").val(function(index, oldVal) {
2.           return "color-" + (index + 1) + ":" + oldVal;
3.  });
4.
5.  $("input:checkbox[name=size]").val(function(index, oldVal) {
```

```
6.            return "size-" + (index + 1) + ":" + oldVal;
7.  });
8.  $("#setValue").click(function() {
9.            var $msg = $("input:radio[name=color]:checked").val() + ",";
10.           $("input:checkbox[name=size]:checked").each(function() {
11.                     $msg += $(this).val() + ",";
12.           });
13.           $("#txtBox").val($msg);
14. });
```

HTML Code：

```
1.<form action="">
2.            <div id="colorRadio">
3.                      <input type="radio" name="color" id="rd1" value="Red" /><span id="color1">Red</span>
4.                      <input type="radio" name="color" id="rd2" value="Yellow" /><span id="color2">Yellow</span>
5.                      <input type="radio" name="color" id="rd3" value="Blue" /><span id="color3">Blue</span>
6.            </div>
7.            <div id="sizeCheck">
8.                      <input type="checkbox" name="size" id="ch1" value="10 pt" /><span id="size1">10 pt</span>
9.                      <input type="checkbox" name="size" id="ch2" value="12 pt " /><span id="size2">12 pt</span>
10.                     <input type="checkbox" name="size" id="ch3" value="14 pt" /><span id="size3">14 pt</span>
11.           </div>
12.           <input type="text" id="txtBox" disabled="disabled" size="40" />
13.           <input type="button" id="setValue" value="Set Value" />
14. </form>
```

运行结果：

Red Yellow Blue
10 pt 12 pt 14 pt
color-3:Blue,size-1:10 pt,size-2:12 pt , Set Value

5.4 元素属性

在 jQuery 中只需要使用 attr() 方法即可完成元素属性的获取和设置，使用 removeAttr() 方法可以删除元素属性。

5.4.1 读取和修改属性

语法：attr(attributeName); 如果元素没有相应的属性，则返回 undefined；若要分别获取每个元素的属性，可以使用 each() 方法构造一个循环结构。

（1）$("ul li").attr("class");

（2）$("a").attr("href");

（3）attr(attributeName, value); // attributeName 为要修改的属性的名称，value 为要修改的值。

（4）attr(map); // 参数 map 表示要修改的值以“属性：值”对的形式出现，多个值之间用逗号分隔。可以同时修改一个元素的多个属性，以 map 参数的形式实现。例如设置 a 元素的 href、target 和 title 属性，代码为 $("a").attr({target: "_self", href: 'xinwen.html', title: ' 最新国内新闻 '}); 设置多个属性时，属性名可以使用引号，但是当设置的属性是 class 时，必须使用引号。

5.4.2 根据索引设置属性

语法：attr(attributeName, function(index, attr)); index 为当前元素的索引值，attr 是当前元素旧的属性值。

```
1. $("div").attr("id", function(index, attr) {
2.     return "div_" + index; // 以 div_0、div_1…的顺序定义 id 属性
3. }).each(function(index) {
4.     $(this).text(" 这是第 " + (index + 1) + " 个 div 元素 "); // 修改 div 的文本内容
5. });
```

5.4.3 删除属性

语法：removeAttr(attributeName);

如：$("a").removeAttr("target"); // 从 a 元素中删除 target 属性

5.5 元素样式

5.5.1 添加样式类

（1）addClass(className);

（2）addClass(function(index, class)); index 表示当前元素在集合中的索引，class 表示当前元素原来的 class 属性值。

专家举例

```
1. $("div").addClass("main");
2. $("h3").addClass("TabTitle");
3. $("ul li").addClass(function(index, class) {
4.         return "li_" + $(this).index();
5. });
6. $("div").removeClass("main").addClass("tab");
```

attr() 与 addClass() 方法的区别如下表所示。

步骤	attr() 方法	addClass() 方法
页面中的一个元素	<h1> 你好吗 </h1>	
设置 title 样式	$("h1").attr("class","title");	$("h1").addClass("title");
结果	<h1 class="title"> 你好 </h1>	
设置 height 样式	$("h1").attr("class","high");	$("h1").addClass("high");
结果	<h1 class="high"> 你好 </h1>	<h1 class="title high"> 你好 </h1>

注意：addClass() 方法的作用是追加样式，attr() 方法才是真正设置样式。

5.5.2 移除样式类

removeClass() 方法可以从所匹配的元素中删除一个、多个或者全部样式类，语法格式如下：

（1）removeClass([className]);

（2）removeClass(function(index, class));index 表示当前元素在集合中的索引，class 表示当前元素的 class 属性值，该函数返回要移除的一个或者多个类名。

```
1. $("p").removeClass();
2. $("li").removeClass("tab activate");
```

```
3. $("input: text").removeClass("readOnly");
```

5.5.3 切换样式类

jQuery 提供了一种 toggleClass() 方法来控制指定元素样式类的重复切换，就是如果样式存在则移除，不存在就添加。

这种方法主要有以下三种形式。

（1）toggleClass(className);

（2）toggleClass(className, switch); //switch 为 true，则添加该类；如果为 false，则移除该类。

（3）toggleClass(function(index, class), [switch]);// className 表示要对每个匹配元素切换的一个或者多个类名（用空格分隔），switch 是一个 boolean 值，指定要添加或者移除的类名。

专家举例

```
1. $("h3.TabTitle").toggleClass("activate");
2.  $("span").click(function() {
3.              $(this).toggleClass("clearFloat);
4. });
5. $("ul li").toggleClass(function(index, class) {
6.              if($(this).parent().is(".menu")) {
7.                          return "style1";
8.              } else {
9.                          return "style2";
10.                         }
11.             });
```

5.6 元素的 CSS

5.6.1 读取 CSS 样式

css(cssName); 用于从匹配元素集合中获取第一个元素的样式属性值并返回。

在 JS 中，通过“对象 .style.CSS 属性”的语法来读取或者设置 DOM 元素的 CSS 样式，如 span.style.color 和 p.style.backgroundColor 等。

```
1. $("div").css("float"); //jQuery 方式
2. $("div").css("cssFloat"); //W3C 标准浏览器
3. $("div").css("styleFloat"); //IE 浏览器
```

5.6.2 设置 CSS 样式

（1）css(cssName, value);

（2）css(map);

（3）css(cssName, function(index, value));

专家举例

```
1. $("div").css("color", "#FFFFFF");
2. $("div").css("background-color", "black");
3. $("div").css({"color":"#FFFFFF", "background":"black"});
```

5.6.3 元素的 CSS 位置

jQuery 提供了一些用于元素定位的方法，可以获取元素相对于其父元素或文档的当前坐标，可以控制元素的水平和竖直滚动条的位置。

5.6.3.1 offset() 方法

这种方法可以控制元素相对于文档的当前坐标。

（1）offset()；

（2）offset(coordinates)；

不带参数时返回匹配元素集合中的第一个元素相对于文档的 top 和 left 坐标，参数 coordinates 是一个包含 top 和 left 属性的对象，值为整数，表示匹配元素新的 top 和 left 坐标。

```
1. var point  = $("img:last").offset();// 获取坐标
2. var x = point.left; // 获取 left 坐标
3. var y = point.top;  // 获取 top 坐标
```

offset() 方法不同于 position() 方法，后者用来获取元素相对于其父元素的当前位置，在全局操作（如拖放），如果要在一个现有元素的基础上定位一个新元素，offset() 方法更加有用。

对 id 为 panel 的容器重新定位，代码为 $("#panel").offset({top: 50, left: 350});

5.6.3.2 position 方法

这种方法用于获取匹配元素相对于其父元素的当前偏移量。它返回的对象有两个属性：top 和 left。

```
1.   var point = $("#panel").position();
2.   $("#res").html(" 当前 left:" + point.left + ", 当前 top:" + point.top);
```

5.6.3.3 scrollLeft() 和 scrollTop() 方法

这两种方法分别用于获取元素的滚动条至左端和顶端的距离。

```
1. var  leftValue = $("div").scrollLeft();  // 获取滚动条至左端的距离
```

```
2. var topValue = $("div").scrollTop(); // 获取滚动条至顶端的距离
```

还可以通过这两种方法控制元素滚动到指定位置。例如，控制 textarea 元素的滚动条滚动到距顶端 10、距左端 20 的位置。

```
1. $("textarea").scrollTop(10);
2. $("textarea").scrollLeft(20);
```

5.7 元素的 CSS 尺寸

5.7.1 height() 方法和 width() 方法

这两种方法返回整数值，该值不包括内边距（padding）、边框（border）和外边距（margin）。

```
1. var divHeight = $("div").height(); // 获取 div 高度
2. var divWidth = $("div").width();   // 获取 div 宽度
3. var winHeight = $(window).height(); // 获取浏览器窗口高度
4. var winWidth = $(window).width();    // 获取浏览器窗口宽度
5. var docHeight = $(document).height(); // 获取文档高度
6. var docWidth = $(document).width(); // 获取文档宽度
```

使用 css() 方法也能实现获取元素高度和宽度的功能，它与 height() 方法和 width() 方法的区别在于 css() 方法返回的值包含单位（如 200px），height() 方法和 width() 方法返回无单位的像素值。

```
1. $("div").height("200");
2. $("div").width("95%");
```

5.7.2 innerHeight() 和 innerWidth() 方法

这两种方法为只读方法，用于获取元素的内部高度和内部宽度，即包含顶部内边距和底部内边距，但不包含边框和外边距，而且不支持 window 和 document 对象。

```
1. var inHeight = $("#banner").innerHeight();
2. var inWidth = $("#banner").innerWidth();
```

5.7.3 outerHeight() 和 outerWidth() 方法

这两种方法可以返回元素的外部高度和外部宽度。

```
1. outerHeight(includeMargin);
2. outerWidth(includeMargin);
```

includeMargin 是 boolean 值，用于指定返回值中是否包含外边距：参数值为 false，表示不计算外边距，仅包含边框和内边距；如果为 true，则将外边距计算在返回值内。

```
1. var outHeight = $("#banner").outerHeight();
2. var outWidth = $("#banner").outerWidth();
```

5.8 CSS 操作速查表

CSS 属性	描述
css()	设置或返回匹配元素的样式属性
height()	设置或返回匹配元素的高度
offset()	返回第一个匹配元素相对于文档的位置
offsetParent()	返回最近的定位祖先元素
position()	返回第一个匹配元素相对于其父元素的位置
scrollLeft()	设置或返回匹配元素相对于滚动条左端的偏移量
scrollTop()	设置或返回匹配元素相对于滚动条顶端的偏移量
width()	设置或返回匹配元素的宽度

5.9 HTML 文档操作速查表

方法	描述
addClass()	为匹配元素添加指定的类名
after()	在匹配元素之后插入内容
append()/appendTo()	向匹配元素内部追加内容
attr()	设置或返回匹配元素的属性和值
before()	在匹配元素之前插入内容
clone()	创建匹配元素集合的副本
detach()	从 DOM 中移除匹配元素集合
empty()	删除匹配元素集合中所有的子节点
hasClass()	检查匹配元素是否拥有指定的类

续表

方法	描述
html()	设置或返回匹配元素集合中的 HTML 内容
insertAfter()	把匹配元素插入另一个指定的元素集合后面
insertBefore()	把匹配元素插入另一个指定的元素集合前面
prepend()/prependTo()	向每个匹配元素内部前置内容
remove()	移除所有匹配元素
removeAttr()	从所有匹配元素中移除指定的属性
removeClass()	从所有匹配元素中删除全部或指定的类
replaceAll()	用匹配元素替换所有匹配到的元素
replaceWith()	用新内容替换匹配元素
text()	设置或返回匹配元素的内容
toggleClass()	从匹配元素中添加或删除一个类
unwrap()	移除并替换指定元素的父元素
val()	设置或返回匹配元素的值
wrap()	把匹配元素用指定的内容或元素包裹起来
wrapAll()	把所有匹配元素用指定的内容或元素包裹起来
wrapInner()	把每一个匹配元素的子内容用指定的内容或元素包裹起来

小结

本章主要学习了 jQuery 中的 .html()、.text() 和 .val() 三种方法：

（1）.html() 用来读取或修改元素的 HTML 标签；

（2）.text() 用来读取或修改元素的纯文本内容；

（3）.val() 用来读取或修改表单元素的 value 值。

这三种方法功能上的对比如下。

（1）.html()、.text() 和 .val() 三种方法都用来读取选定元素的内容，只不过 .html() 用来读取元素的 HTML 内容，包括其 html 标签；.text() 用来读取元素的纯文本内容，包括其后代元素；.val() 用来读取表单元素的 value 值。.html() 和 .text() 方法不能用在表单元素上，.val() 方法只能用在表单元素上。.html() 方法用在多个元素上时，只读取第一个元素；.val() 方法用在多个元素上时，只读取第一个表单元素的 value 值；.text() 方法和它们不一样，其用在多个元素上时，将读取所有选中元素的文本内容。

（2）.html(htmlString)、.text(textString) 和 .val(value) 这三种方法都可以用来替换选中元素的内容，如果三种方法同时运用在多个元素上，将替换所有选中元素的内容。

（3）.html()、.text()、.val() 都可以使用回调函数的返回值动态改变多个元素的内容。

最后还讲解了 CSS 操作，包括对样式的添加、删除、切换，对样式的位置和尺寸的操作。

经典面试题

1.jQuery 中的 .text()、.html() 和 .val() 有什么区别？

2.jQuery 怎么根据 .html() 的内容选择页面元素 ?

3. 在 jQuery 中使用 .empty() 和 .html("") 有什么区别 ?

4.jQuery 如何获取 HTML 元素的 div 宽度？

5. 怎么用 jQuery 给 HTML 的表格赋值？

6.jQuery 如何修改隐藏 DIV 中的 HTML 内容？

7.jQuery 如何更改 HTML5 的 video 标签的属性，以实现更换视频？

8.jQuery 如何给 TABLE 动态增加行？

9.jQuery 如何给网页的 title 赋值？

10.jQuery 怎么用 .css() 设置 background-image？

跟我上机

1. 使用 jQuery 实现 Tab 效果，如下所示：

Tab项1 Tab项2 Tab项3 Tab项4

这是容器2

2. 使用 jQuery 模拟 SELECT 下拉框取值效果，如下所示：

请选择城市

北京

上海

武汉

广州

3. 使用 jQuery 实现网页倒计时功能，如下所示：

网页上的倒计时

0天 0时 00分 58秒

第 6 章　jQuery AJAX 函数

本章要点(掌握了在方框里打钩):

- □ 了解什么是 AJAX
- □ 熟记 jQuery 的各种异步请求函数
- □ 重点掌握 jQuery 的 AJAX 函数的用法
- □ 掌握表单序列化的方法
- □ 熟练掌握 jQuery AJAX 函数的各个属性用法
- □ 掌握 jQuery AJAX 函数在实际开发中的作用和用法

在 Java 软件的开发中，在后台可以通过各种框架（如 SSH）对代码进行封装，以方便代码的编写。例如，Struts、SpringMVC 对从前台到 action 的流程进行封装控制，只需要简单配置就可以实现；Spring 对各种对象的管理进行封装，且提供了 AOP 编程方式，十分方便；Hibernate 和 IBatis 对 JDBC 代码进行封装，不需要每次都编写重复而繁杂的 JDBC 代码。

在前端，一些页面效果、验证等都是通过 JavaScript 语言完成的，但是它和 Java 代码一样，是最基础的。jQuery 则是对 JS 代码进行封装，以方便前台代码的编写，而且它还有一个非常大的优势，就是解决了浏览器兼容的问题，这也是它应用广泛的重要原因之一。

现在为了满足用户的需求，AJAX 异步刷新发挥了无可比拟的作用。AJAX 是与服务器交换数据的艺术，它能在不重载全部页面的情况下实现对部分网页的更新。

6.1 什么是 AJAX?

AJAX 是异步 JavaScript 和 XML（Asynchronous JavaScript and XML），是一种创建快速动态网页的技术。

AJAX 通过在后台与服务器交换少量数据的方式，允许网页异步更新。这意味着有可能在不重载整个页面的情况下，对网页的一部分进行更新。

使用 AJAX 的应用程序案例有很多，如谷歌地图、腾讯微博、优酷视频、人人网等。现在的开发越来越讲究前端和后台分开编写，所以 AJAX 异步请求是必不可少的选择。

6.2 $.load()

load() 方法通过 AJAX 请求从服务器加载数据，并把返回的数据存储在指定的元素中。

语法：load(url,data,function(response,status,xhr))

参数说明如下。

参数	描述
url	规定把请求发送到哪个 URL
data	可选，规定连同请求发送到服务器的数据
function(response,status,xhr)	可选，规定请求完成时运行的函数 额外的参数： response——包含来自请求的结果数据 status——包含请求的状态（success、notmodified、error、timeout 或 parsererror） xhr——包含 XMLHttpRequest 对象

专家讲解

该方法是最简单的从服务器获取数据的方法。它几乎与 $.get(url, data, success) 等价，不同的是它不是全局函数，并且拥有隐式的回调函数。当侦测到成功的响应时（比如 textStatus 为 success 或 notmodified 时），.load() 将匹配元素的 HTML 内容设置为返回的数据。

```
// 无参数传递，则是 GET 方式
$("#resText").load("test.html",function(){
//……
});

// 有参数传递，则是 POST 方式
$("#resText").load("test.jsp",{name:"rcrt",age:"2"},function(){
//……
});

// 回调参数
$("#resText").load("test.html",function(responseText,textStatus,XMLHttpRequest){
//responseText: 请求返回的内容
//textStatus: 请求状态：success、error、notmodified、timeout 这四种
//XMLHttpRequest:XMLHttpRequest 对象
});
```

专家提醒

在 load() 方法中，无论 AJAX 请求是否成功，只要请求完成（complete），回调函数（callback）就被触发。

6.3　$.get()

$.get() 方法使用 HTTP GET 请求从服务器加载数据。

语法：$.get(url,data,success(response,status,xhr),dataType)

```
参数列表 $.ajax({
    url: url,
    data: data,
    success: success,
    dataType: dataType
```

```
});
```

参数列表如下。

参数	描述
url	必需，规定把请求发送到哪个 URL
data	可选，规定连同请求发送到服务器的数据
success(respon-se,status,xhr)	可选，规定请求成功时运行的函数 额外的参数： response——包含来自请求的结果数据 status——包含请求的状态 xhr——包含 XMLHttpRequest 对象
dataType	可选，规定预期的服务器响应的数据类型 默认地，jQuery 将智能判断 可能的类型： "xml" "html" "text" "script" "json" "jsonp"

专家举例

HTML Code：

```
1.  <div class="text_align-center">jQuery AJAX $.get() 方法提交演示 </div>
2.  <hr />
3.  <div class="align-center">
4.          <form action="" method="post">
5.                  姓名 :<input type="text" name="userName" id="userName" /><br/>
年龄 :
6.                  <input type="text" name="age" id="age" /><br/><br/>
7.                  <input type="button" onclick="ajaxGet()" value="$.get() 方法提交 "
/><br/>
8.          </form>
9.  </div>
10. <hr />
```

jQuery Code：

```
//$.get() 方法
1.  function ajaxGet() {
```

```
2.          $.get(
3.                  "servlet/AjaxGetServlet", //URL 地址
4.                  {
5.                          userName: $("#userName").val(),
6.                          age: $("#age").val()
7.                  },
8.                  function(data) { // 回调函数
9.                          alert(data);
10.                 },
11.                 "text")
12. }
```

Java 后台 Servlet Code（需要掌握 Servlet 相关知识才能理解，仅供参考）：

```
String userName = request.getParameter("userName");
String age = request.getParameter("age");
PrintWriter out = response.getWriter();
out.print(method+":userName="+userName+",age="+age);
out.flush();
```

运行结果：

jQuery AJAX $.get()方法提交演示

姓名:

年龄:

$.get()方法提交　　点击按钮显示输入的姓名和年龄

6.4　$.post()

语法：$.post(url,data,success(data, textStatus, jqXHR),dataType)

参数列表如下。

参数	描述
url	必需，规定把请求发送到哪个 URL
data	可选，映射或字符串值，规定连同请求发送到服务器的数据

续表

参数	描述
success(data, textStatus, jqXHR)	可选，规定请求成功时执行的回调函数
dataType	可选，规定预期的服务器响应的数据类型 默认执行智能判断（xml、json、script 或 html）

- **综合案例**

jQuery Code：

```
1.function add(){
2.      var url="${pageContext.request.contextPath}/user/add.do";
3.      var userName0=$("#userName").val();
4.      var password0=$("#password").val();
5.      $.post(url,{userName:userName0,password:password0},function(resultJSONObject){
6.      if(resultJSONObject.success){
7.        alert(" 添加成功 ");
8.     }else{
9.       alert(" 添加失败 ");
10.      }
11.   },"json");
12.}
```

Java Code：

```
1.public String add(User user,HttpServletResponse response){
2.  int resultTotal=0// 操作的记录数
3.  resultTotal=userDao.add(user);
4.  JSONObject resultJSONObject=new JSONObject();
5.  if(resultTotal>0){
6.      resultJSONObject.put("success",true);
7.  }else{
8.      resultJSONObject.put("success",false);
9.  }
10.  response.setContentType("text/html;charset=utf-8");
11.  PrintWriter out=response.getWriter();
12.  out.println(resultJSONObject.toString);
13.  out.flush();
```

```
14.   out.close();
15.}
```

6.5 $.getJSON()

语法：jQuery.getJSON(url, [data], [callback]) // 通过 HTTP GET 请求载入 JSON 数据

参数说明如下。

url,[data],[callback]

url：发送请求地址。

data：待发送 Key/value 参数。

callback：载入成功时回调函数。

要获得一个 JSON 文件的内容，可以使用 $.getJSON() 方法，这种方法会在取得相应的文件后对文件进行处理，并将得到的 JavaScript 对象提供给代码。

回调函数提供了一种等候数据返回的方式，而不是立即执行代码。回调函数也需要一个参数，该参数中保存着返回的数据。这样就可以使用 jQuery 提供的另一个全局函数（类方法）.each() 来实现循环操作，对 .getJSON() 函数返回的每组数据进行循环处理。

- **综合案例**

Java Code：

```
1.response.setCharacterEncoding("utf-8");
2.      PrintWriter out = response.getWriter();
3.      /* 返回一个 list 集合来绑定下拉框 */
4.      List<City> list = new ArrayList<City>();
5.      list.add(new City(1,"AAAA"));
6.      list.add(new City(2,"BBBB"));
7.      list.add(new City(3,"CCCC"));
8.      list.add(new City(4,"DDDD"));
9.      // 获取集合的 JSON 字符串
10.      JSONArray json = JSONArray.fromObject(list);
11.      System.out.println(json.toString());
12.      // 打印结果:
13.              //[{"id":1,"name":"AAAA"},{"id":2,"name":"BBBB"},{"id":3,"name":
"CCCC"},{"id":4,"name":"DDDD"}]
14.      out.print(json.toString());
15.      out.flush();
16.      out.close();
```

jQuery Code：

```
1. // 初始加载页面时
2.$(document).ready(function(){
3.   alert(" 加载 ...");
4.   var city=$("#city");// 下拉框
5.   $.getJSON("GetJsonServlet",function(data){
6.     // 通过循环取出 data 里面的值
7.     $.each(data,function(i,value){
8.       var tempOption = document.createElement("option");
9.       tempOption.value = value.id;
10.       tempOption.innerHTML  = value.name;
11.       city.append(tempOption);
12.     });
13.   });
14.});
```

HTML Code：

```
1.<select id="city">
2.   <option>== 选择 ==</option>
3. </select>
```

6.6　$.ajax()

$.ajax() 是 jQuery 的底层 AJAX 实现，简单易用的高层实现有 $.get()、$.post() 等。$.ajax() 的语法如下。

```
1.$.ajax({
2.   type: 'POST',
3.   url: url,
4.   data: data,
5.   success: success,
6.   dataType: dataType
7.});
```

$.ajax() 的参数描述如下。

1.url:

要求为 String 类型的参数,(默认为当前页地址)发送请求的地址。

2.type:

要求为 String 类型的参数,请求方式(post 或 get)默认为 get。其他 http 请求方式,例如 put 和 delete 也可以使用,但仅部分浏览器支持。

3.timeout:

要求为 Number 类型的参数,设置请求超时时间(毫秒)。此设置将覆盖 $.ajaxSetup() 方法的全局设置。

4.async:

要求为 Boolean 类型的参数,默认为 true,所有请求均为异步请求。如果需要发送同步请求,请将此选项设置为 false。同步请求将锁住浏览器,用户的其他操作待请求完成后才可以执行。

5.cache:

要求为 Boolean 类型的参数,默认为 true(当 dataType 为 script 时,默认为 false),设置为 false 将不会从浏览器缓存中加载请求信息。

6.data:

要求为 Object 或 String 类型的参数,发送到服务器的数据。如果不是字符串,将自动转换为字符串格式。在 get 请求中将附加在 URL 后。要防止这种自动转换,可以查看 processData 选项。对象必须为 key/value 格式,例如 {foo1:"bar1",foo2:"bar2"} 转换为 &foo1=bar1&foo2=bar2。如果是数组,jQuery 将自动为不同值对应同一个名称,例如 {foo:["bar1","bar2"]} 转换为 &foo=bar1&foo=bar2。

7.dataType:

要求为 String 类型的参数,预期服务器返回的数据类型。如果不指定,jQuery 将自动根据 http 包的 mime 信息返回 responseXML 或 responseText,并作为回调函数的参数传递。可用的类型如下。

xml:返回 XML 文档,可用 jQuery 处理。

html:返回纯文本 HTML 信息,包含的 script 标签会在插入 DOM 时执行。

script:返回纯文本 JavaScript 代码,不会自动缓存结果,除非设置了 cache 参数。在远程请求时(不在同一个域下),所有 post 请求都将转为 get 请求。

json:返回 JSON 数据。

jsonp:JSONP 格式。使用 JSONP 格式调用函数时,例如 myurl?callback=?,jQuery 会自动将后一个“?”替换为正确的函数名,以执行回调函数。

text:返回纯文本字符串。

8.beforeSend：

要求为 Function 类型的参数，发送请求前可以修改 XMLHttpRequest 对象的函数，例如添加自定义 HTTP 头。beforeSend 如果返回 false 可以取消本次 AJAX 请求。XMLHttpRequest 对象是唯一的参数。

```
function(XMLHttpRequest){
  this; // 调用本次 AJAX 请求时传递的 options 参数
}
```

9.complete：

要求为 Function 类型的参数，请求完成后调用的回调函数（请求成功或失败均调用）。参数：XMLHttpRequest 对象和一个描述成功请求类型的字符串。

```
function(XMLHttpRequest, textStatus){
  this;  // 调用本次 AJAX 请求时传递的 options 参数
}
```

10.success：

要求为 Function 类型的参数，请求成功后调用的回调函数，有两个参数。

（1）由服务器返回，并根据 dataType 参数处理的数据。

（2）描述状态的字符串。

```
function(data, textStatus){
  //data 可能是 xmlDoc、jsonObj、html、text 等
  this; // 调用本次 AJAX 请求时传递的 options 参数
}
```

11.error:

要求为 Function 类型的参数，请求失败后调用的函数。该函数有三个参数，即 XMLHttpRequest 对象、错误信息、捕获的错误对象（可选）。AJAX 事件函数如下：

```
function(XMLHttpRequest, textStatus, errorThrown){
// 通常情况下 textStatus 和 errorThrown 中只有一个包含信息
this;  // 调用本次 AJAX 请求时传递的 options 参数
}
```

12.contentType：

要求为 String 类型的参数，当发送信息至服务器时，内容编码类型默认为 application/x-www-form-urlencoded，该默认值适合大多数应用场合。

13.dataFilter：

要求为 Function 类型的参数，对 AJAX 返回的原始数据进行预处理的函数，有 data 和 type 两个参数。data 是 AJAX 返回的原始数据，type 是调用 jQuery.ajax 时提供的 dataType 参数。函数返回的值将由 jQuery 进一步处理。

```
function(data, type){
   // 返回处理后的数据
```

```
        return data;
    }
```

14.global：

要求为 Boolean 类型的参数，默认为 true，表示是否触发全局 AJAX 事件。若设置为 false 将不会触发全局 AJAX 事件。ajaxStart 或 ajaxStop 可用于控制各种 AJAX 事件。

15.ifModified：

要求为 Boolean 类型的参数，默认为 false。仅在服务器数据改变时获取新数据，判断服务器数据改变的依据是 Last-Modified 头信息。默认值是 false，即忽略头信息。

16.jsonp：

要求为 String 类型的参数，在一个 jsonp 请求中重写回调函数的名字。该值用来替代 "callback=?" 这种 get 或 post 请求中 URL 参数里的 callback 部分，例如 {jsonp:'onJsonPLoad'} 会导致将 "onJsonPLoad=?" 传给服务器。

17.username：

要求为 String 类型的参数，用于响应 HTTP 访问认证请求的用户名。

18.password：

要求为 String 类型的参数，用于响应 HTTP 访问认证请求的密码。

19.processData：

要求为 Boolean 类型的参数，默认为 true。在默认情况下，发送的数据将被转换为对象（从技术角度来讲并非字符串）以配合默认内容类型 application/x-www-form-urlencoded。如果要发送 DOM 树信息或者其他不希望转换的信息，则设置为 false。

20.scriptCharset：

要求为 String 类型的参数，只有当请求时 dataType 为 jsonp 或者 script，并且 type 是 GET 时才用于强制修改字符集（charset）。通常本地和远程的内容编码不同时使用。

- **综合案例**

```
1.$('#send').click(function() {
2.  $.ajax({
3.          type: "GET",
4.          url: "test.json",
5.          data: {
6.                  username: $("#username").val(),
7.                  content: $("#content").val()
8.          },
9.          dataType: "json",
10.         success: function(data) {
11.                 $('#resText').empty(); // 清空 resText 里面的所有内容
12.                 var html = '';
```

```
13.                 $.each(data, function(commentIndex, comment) {
14.                         html += '<div class="comment"><h6>' + comment['user-
name'] +
15.                                 ':</h6><p class="para"' + comment['content'] +
16.                                 '</p></div>';
17.                 });
18.                 $('#resText').html(html);
19.         }
20. });
```

专家讲解

还有几个 AJAX 事件参数：success、complete 和 error。可以通过定义这些事件很好地处理每一次 AJAX 请求。

$.get() 与 $.post() 的区别如下。

（1）$.post() 方法将表单数据填充到 HTTP 请求报文的实体主体部分，使用者是看不到的；而 $.get() 方法将表单数据直接传送到请求行的 URL 字段来实现表单数据的提交。这就决定了使用 $.post() 方法是比较安全的，而使用 $.get() 方法安全性很低。

（2）$.get() 方法传送的数据量较小，一般只有 2 KB；而 $.post() 方法传送的数据量较大，理论上没有上限。

$.ajax() 需要注意的地方如下。

（1）data 有三种主要方式，html 拼接的、json 数组、form 表单经 serialize() 序列化的。方式通过 dataType 指定，不指定则智能判断。

（2）$.ajax() 只以文本方式提交 form，如果异步提交包含 <file>，上传文件时是传不过去的，因为需要使用 jQuery.form.js 的 $.ajaxSubmit。

6.7 $.ajax() 综合应用案例

6.7.1 $.ajax() 带 json 数据的异步请求

```
1. var aj = $.ajax({
2.                 url: 'productManager_reverseUpdate', // 跳转到 action
3.         data: {
4.                 selRollBack: selRollBack,
```

```
5.                  selOperatorsCode: selOperatorsCode,
6.                  PROVINCECODE: PROVINCECODE,
7.                  pass2: pass2
8.          },
9.          type: 'post',
10.         cache: false,
11.         dataType: 'json',
12.         success: function(data) {
13.                 if(data.msg == "true") {
14.                         // view(" 修改成功！ ");
15.                         alert(" 修改成功！ ");
16.                         window.location.reload();
17.                 } else {
18.                         view(data.msg);
19.                 }
20.         },
21.         error: function() {
22.                 // view(" 异常！ ");
23.                 alert(" 异常！ ");
24.         }
25. });
```

6.7.2 $.ajax() 序列化表格内容为字符串的异步请求

```
1.function noTips(){
2.  var formParam = $("#form1").serialize();// 序列化表格内容为字符串
3.   $.ajax({
4.      type:'post',
5.      url:'Notice_noTipsNotice',
6.      data:formParam,
7.      cache:false,
8.      dataType:'json',
9.      success:function(data){
10.       }
11.   });
12.}
```

6.7.3 $.ajax() 拼接 URL 的异步请求

```
1. var yz = $.ajax({
2.         type: 'post',
3.         url: 'validatePwd2_checkPwd2?password2=' + password2,
4.         data: {},
5.         cache: false,
6.         dataType: 'json',
7.         success: function(data) {
8.                 if(data.msg == "false") // 服务器返回 false，就将 validatePassword2
的值改为 pwd2Error，这是异步，需要考虑返回时间
9.                 {
10.                        textPassword2.html("<font color='red'> 业务密码不正确！
</font>");
11.                        $("#validatePassword2").val("pwd2Error");
12.                checkPassword2 = false;
13.                        return;
14.                }
15.        },
16.        error: function() {}
17. });
```

6.7.4 $.ajax() 拼接 data 的异步请求

```
1. $.ajax({
2.         url: '<%=request.getContextPath()%>/myServlet.action',
3.         type: 'post',
4.         data: 'merName=' + values,
5.         async: false, // 默认为 true 异步
6.         error: function() {
7.                 alert('error');
8.         },
9.         success: function(data) {
10.                $("#" + divs).html(data);
11.        }
12. });
```

6.8 AJAX 速查表

函数	描述
jQuery.ajax()	执行异步 HTTP（AJAX）请求
.ajaxComplete()	当 AJAX 请求完成时注册要调用的处理程序。这是一个 AJAX 事件
.ajaxError()	当 AJAX 请求完成且出现错误时注册要调用的处理程序。这是一个 AJAX 事件
.ajaxSend()	在 AJAX 请求发送之前显示一条消息
jQuery.ajaxSetup()	设置将来的 AJAX 请求的默认值
.ajaxStart()	当首个 AJAX 请求完成时注册要调用的处理程序。这是一个 AJAX 事件
.ajaxStop()	当所有 AJAX 请求完成时注册要调用的处理程序。这是一个 AJAX 事件
.ajaxSuccess()	当 AJAX 请求成功完成时显示一条消息
jQuery.get()	使用 HTTP GET 请求从服务器加载数据
jQuery.getJSON()	使用 HTTP GET 请求从服务器加载 JSON 编码数据
jQuery.getScript()	使用 HTTP GET 请求从服务器加载 JavaScript 文件，然后执行该文件
.load()	从服务器加载数据，然后返回到 HTML 放入匹配元素
jQuery.param()	创建数组或对象的序列化表示，适合在 URL 查询字符串或 AJAX 请求中使用
jQuery.post()	使用 HTTP POST 请求从服务器加载数据
.serialize()	将表单内容序列化为字符串
.serializeArray()	序列化表单元素，返回 JSON 结构数据

小结

本章主要讲解了 jQuery 的异步请求函数，如 load、get、post、getJSON 和 AJAX 函数，需要重点掌握的是 jQuery AJAX 函数。

虽然 get 和 post 函数非常简洁易用，但是无法实现一些复杂的设计需求。

JSON 是一种理想的数据传输格式，它能够很好地与 JavaScript 或其他宿主语言融合，并且可以被 JS 直接使用。使用 JSON 传输数据相较于传统的通过 GET、POST 直接发送“裸体”数据，结构更合理，也更安全。

jQuery 的 .getJSON() 函数只是设置了 JSON 参数的 .ajax() 函数的简化版本。这个函数也是可以跨域使用的，相较于 .get()、.post() 有一定的优势。

jQuery 还提供了一个防止 AJAX 使用缓存的非常实用的方法：

```
$.ajaxSetup ({
cache: false // 关闭 AJAX 相应的缓存
});
```

经典面试题

1. jQuery 中 AJAX 的 complete 和 success 有什么区别？
2. jQuery 的 load 和 get 方法的区别是什么？
3. 如何给 jQuery load() 加载的内容添加样式？
4. 如何让 jQuery 的 .$get() 方法执行完毕后再执行另外一段代码？
5. jQuery post 是同步请求还是异步请求？
6. jQuery 的 post 和 AJAX 的区别是什么？
7. jQuery 中的 AJAX 和正常的 AJAX 有什么区别？
8. jQuery 对 AJAX 请求如何实现非异步？
9. jQuery 中的 AJAX 怎么将参数传到后台？
10. 写出 jQuery AJAX 函数的完整语法结构。

跟我上机

1. 使用 jQuery 的 load 方法完成下图中的功能。

AJAX获取
点击按钮获取test.html的数据
点击前

AJAX获取
我是test.html的数据
点击后

2. 使用 jQuery AJAX 函数完成下图中的功能。
注：由讲师写后台服务进行测试。

卡号：1
密码：••••••
余额：100（元）
查询余额

3. 使用 jQuery AJAX 函数完成下图所示的 JS 验证码的验证功能。

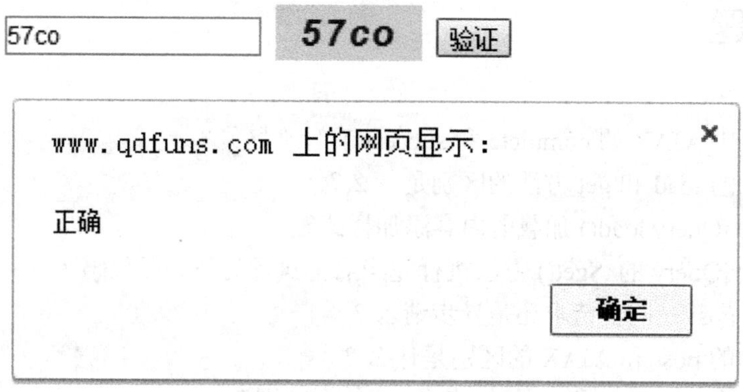

57co 57co 验证

www.qdfuns.com 上的网页显示：

正确

确定

4. 使用 AJAX 函数验证用户名是否存在，如下图所示。

注：由讲师写后台服务进行测试。

账号： zjw 用户名不可用

密码：

确认密码：

姓名：

5. 使用 jQuery AJAX 函数实现根据性别筛选用户的功能，如下图所示。

注：由讲师写后台服务进行测试。

筛选：男

姓名	性别
张三	男
王五	男
赵六	男
Rain	男
王六	男
李四	男

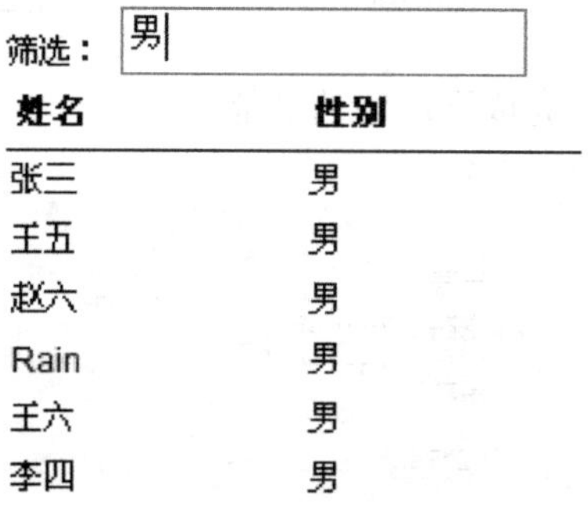

第 7 章　jQuery each 函数

本章要点（掌握了在方框里打钩）：

- ☐ 掌握 jQuery each 函数的语法结构
- ☐ 熟练掌握使用 each 函数遍历一维数组
- ☐ 熟练掌握使用 each 函数遍历二维数组
- ☐ 熟练掌握使用 each 函数遍历 JSON 数据
- ☐ 熟练掌握使用 each 函数遍历 DOM 元素
- ☐ 掌握 each 函数在项目中的应用

jQuery 中的 each 函数很方便，$.each() 函数封装了十分强大的遍历功能，可以遍历一维数组、多维数组、JSON 数据、DOM 元素等，在 JavaScript 的开发过程中使用 $.each() 可以大大减少工作量。

$.each() 与 $(selector).each() 不同，后者专用于遍历 jQuery 对象，前者可用于遍历任何集合（数组或对象），如果是数组，回调函数每次传入数组的索引和对应的值（值亦可以通过 this 关键字获取，但 JavaScript 总会包装 this 值作为一个对象，尽管其是一个字符串或一个数字），方法会返回被遍历对象的第一参数。

语法：

```
$(selector).each(function(index,element))
```

参数描述：

```
function(index,element)：必需，为每个匹配元素规定运行的函数。
index：选择器的 index 位置。
element：当前的元素（也可使用 this 选择器）。
```

下面列举一下 each 函数的几种常用用法。

7.1 使用 each 函数处理一维数组

jQuery Code：

```
1.  $(document).ready(function() {
2.          var str = "";
3.          var arr1 = ["aaa", "bbb", "ccc"];
4.          $.each(arr1, function(i, val) {
5.                  str += i + ":" + val + ",";
6.          });
7.          $("#msg").val(str);
8.  });
```

HTML Code：

```
<input type="text" id="msg" />
```

运行结果：

0:aaa,1:bbb,2:ccc,

7.2 使用 each 函数处理二维数组

jQuery Code：

```
1. $(document).ready(function() {
2.         var str = "";
3.         var arr = [
4.                 ['a', 'aa', 'aaa'],
5.                 ['b', 'bb', 'bbb'],
6.                 ['c', 'cc', 'ccc']
7.         ];
8.         $.each(arr, function(i, item) {
9.                 $.each(item, function(j, val) {
10.                        str += i + ":" + val + ","
11.                });
12.                str += "<br/>";
13.        });
14.        $("#msg").html(str);
15. });
```

HTML Code：

```
<div id="msg"></div>
```

运行结果：

0:a,0:aa,0:aaa,
1:b,1:bb,1:bbb,
2:c,2:cc,2:ccc,

7.3 使用 each 函数处理 JSON 数据

遍历 JSON 数据时 each 函数功能更强大，能循环每一个属性。

jQuery Code：

```
1. $(document).ready(function() {
2.         var str = "";
3.         var arr = [{
```

```
4.                  "id": 1,
5.                  "name": " 刘备 ",
6.                  "age": 57
7.          }, {
8.                  "id": 2,
9.                  "name": " 关羽 ",
10.                 "age": 46
11.         }, {
12.                 "id": 3,
13.                 "name": " 张飞 ",
14.                 "age": 45
15.         }];
16.         $.each(arr, function(i, item) {
17.                 str +=" 第 "+ i + " 个 JSON 项的值 :id=" + item.id + ",name=" +
item.name + ",age=" + item.age + "<br/>";
18.         });
19.         $("#msg").html(str);
20. });
```

HTML Code：

```
<div id="msg"></div>
```

运行结果：

第0个JSON项的值:id=1,name=刘备,age=57
第1个JSON项的值:id=2,name=关羽,age=46
第2个JSON项的值:id=3,name=张飞,age=45

7.4 使用 each 函数处理 DOM 元素

此处以一个 input 表单元素为例子讲解如何处理 DOM 元素。

jQuery Code：

```
1. $(document).ready(function() {
2.         var str="";
//$("input:hidden").each(function(i,val){// 与下一行的效果一样
3.         $.each($("input:hidden"), function(i, val) {
```

```
4.                 str += " 第 " + i + " 个 DOM 元素的值 :name 是 " + val.name + ",
值是 " + val.value + "<br/>"
5.         });
6.         $("#msg").html(str);
7. });
```

HTML Code：

```
1. <input name="aaa" type="hidden" value="111" />
2. <input name="bbb" type="hidden" value="222" />
3. <input name="ccc" type="hidden" value="333" />
4. <input name="ddd" type="hidden" value="444" />
5. <div id="msg"></div>
```

运行结果：

第0个DOM元素的值:name是aaa,值是111
第1个DOM元素的值:name是bbb,值是222
第2个DOM元素的值:name是ccc,值是333
第3个DOM元素的值:name是ddd,值是444

7.5 深入理解 each 函数

7.5.1 通过 each 函数遍历 li 获得所有 li 的内容

jQuery Code：

```
1. var str = "";
2. $(document).ready(function() {
3.         // 通过 each 函数遍历 li 获得所有 li 的内容
4.         $("button").click(function() {
5.                 $(".one > li").each(function() {
6.                         // 打印所有 li 的内容
7.                         str += $(this).text() + ",";
8.                 });
9.                 $("#msg").html(str);
10.        });
11. });
```

HTML Code：

```
1. <ul class="one">
2.         <li> 刘备 </li>
3.         <li> 关羽 </li>
4.         <li> 张飞 </li>
5.         <li> 赵云 </li>
6. </ul>
7. <button> 输出每个 li 的值 </button>
8. <br /><br />
9. <div id="msg"></div>
```

运行结果：

- 刘备
- 关羽
- 张飞
- 赵云

刘备,关羽,张飞,赵云,

7.5.2　通过 each 函数遍历 li 中的 $(this) 给每个 li 添加事件

jQuery Code：

```
1. $(document).ready(function() {
2.         // 通过 each 函数遍历 li 中的 $(this) 给每个 li 添加事件
3.         $(".one > li").each(function() {
4.                 // 给每个 li 添加 click 颜色变化事件
5.                 $(this).click(function() {
6.                         $("li").css("background", "FFFFFF");// 将以前选中的颜色设置成白色
7.                         $(this).css("background", "#fe4365");
8.                 });
9.         });
10. });
```

HTML Code：

```
1.<ul class="one">
2.          <li> 刘备 </li>
3.          <li> 关羽 </li>
4.          <li> 张飞 </li>
5.          <li> 赵云 </li>
6.  </ul>
```

运行结果：

- 刘备
- 关羽
- 张飞
- 赵云

7.5.3 遍历 li 给所有 li 添加 class 类名

CSS Code：

```
1.  <style rel="stylesheet" type="text/css">
2.          .example {
3.                  font-size: 20px;
4.          }
5.  </style>
```

jQuery Code：

```
1.  $(document).ready(function() {
2.                  $("button").click(function() {
3.                          $('.one > li').each(function() {
4.                                  $(this).toggleClass("example");// 切换样式表
5.                          });
6.                  });
7.          });
```

HTML Code：

```
1.  <ul class="one">
2.          <li> 刘备 </li>
3.          <li> 关羽 </li>
4.          <li> 张飞 </li>
```

```
5.            <li> 赵云 </li>
6.  </ul>
7.  <button> 点击我切换样式 </button>
```

运行结果：

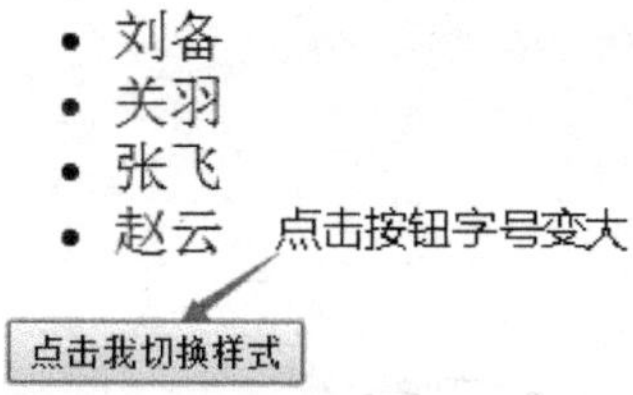

- 刘备
- 关羽
- 张飞
- 赵云　点击按钮字号变大

点击我切换样式

7.5.4　在 each() 循环里 element == $(this)

jQuery Code：

```
1.// 在 each() 循环里 element == $(this)
2.  $('div').each(function(index, element) {
3.     //element == this;
4.$(element).css("background", "yellow");
5.  });
```

小结

jQuery 的 each 遍历不管是在前端，还是在 Java 或其他语言项目中，使用都比较频繁，下面总结一下 jQuery 中 each 的三种遍历方法。

一、选择器 + 遍历

```
1.$('div').each(function (i){
2.  i 是索引值
3.  this 表示获取遍历的每一个 DOM 对象
4.});
```

二、选择器 + 遍历

```
1. $('div').each(function (index,domEle){
2. index 是索引值
3. domEle 表示获取遍历的每一个 DOM 对象
4.});
```

三、更适用的遍历方法

（1）获取某个集合对象。

（2）遍历集合对象的每一个元素。

```
1.var d=$("div");
2.$.each(d,function (index,domEle){
3. d 是要遍历的集合
4. index 是索引值
5. domEle 表示获取遍历的每一个 DOM 对象
6.});
```

经典面试题

1. jQuery 的 each 是什么函数？
2. jQuery each 循环出的内容如何相加？
3. jQuery 怎么跳出当前的 each 循环？
4. 在 jQuery 中遍历集合，怎样用 each 函数实现？
5. jQuery 的 each 方法怎么判断是否执行到了最后一个元素？
6. jQuery 如何遍历 JSON 数据？
7. jQuery 的 $().each 和 $.each 的区别是什么？
8. jQuery 嵌套的 each 怎么区分 this？
9. 怎么用 jQuery 中的 each 函数遍历数组？
10. JavaScript 中的 for 循环和 jQuery $.each 哪个比较好？

跟我上机

1. 用 jQuery each 函数实现 html 页面的分页查询功能，如下所示：

首页 1 2 3 4 5 6 7 8 9 下一页 尾页

2. 使用 jQuery each 函数实现日期级联功能，如下所示：

2017 ▼ 年 1 ▼ 月 1 ▼ 日

3. 使用 jQuery each 函数完成城市选择功能，如下所示：

城市列表

重庆	北京	上海	广州
深圳	成都	天津	南京
杭州	武汉	西安	长沙
厦门	郑州	太原	青岛

您选择了 6 项：北京，上海，广州，成都，天津，南京

第 8 章 jQuery 实用插件

本章要点(掌握了在方框里打钩):

- □ 了解什么是 jQuery 插件
- □ 了解使用 jQuery 插件的好处
- □ 熟练使用 jQuery 的表单插件——jQuery.form.js
- □ 熟练使用 jQuery 的上传插件——ajaxFileUpload.js
- □ 熟练使用 jQuery 的分页插件——jQuery.page.js
- □ 熟练使用 jQuery 的导出插件——tableExport.js
- □ 熟练使用 jQuery 的轻量级页面打印插件——jqprint.js
- □ 熟练使用 jQuery 的图表插件——corechart.js
- □ 掌握使用 jQuery 的其他插件

8.1 表单插件——jQuery.form.js

jQuery 的表单插件是一个优秀的 AJAX 表单插件，可以非常容易地、无侵入地升级 HTML 表单以支持 AJAX，可以非常简单地实现表单异步提交、文件上传、进度条显示等功能。

该插件有两种核心方法——ajaxSubmit() 和 ajaxForm()，它们集合了从控制表单元素到决定如何管理提交进程的功能。该插件还包括一些其他方法：formToArray()、formSerialize()、fieldSerialize()、fieldValue()、clearForm()、clearFields() 和 resetForm() 等。

下载地址：http://plugins.jQuery.com/form/。

8.1.1 $("form1").ajaxSubmit(options)

ajaxSubmit() 是 jQuery 的表单插件的核心函数。该函数非常灵活，因为它依赖于事件机制，只要有事件触发就能使用 ajaxSubmit() 提交表单，如超链接、图片、按钮的 click 事件。

options 参数可以是一个函数，即表单提交成功后调用的回调函数，options={success: function}；也可以是一个集合、一个参数键值对，如下表所示。

键名	描述
type	（默认取表单的 method 属性值，若未设置取 GET） 请求的类型：POST、GET、PUT 及 PROPFIND，对大小写不敏感
url	（默认取表单的 action 属性值，若未设置取 window.location.href） 请求的 URL 地址可以是绝对地址，也可以是相对地址
data	（对象成员必须包含 name 和 value 属性） 提供额外的数据对象，通过 $.param() 函数返回序列化后的字符串，稍后会拼接到表单元素序列化的字符串之后
extraData	（此参数无须外部提供，由内部处理） 此参数是 data 在序列化成字符串之前的复制，只用于表单中包含 <input type="file"/> 并且是旧浏览器的情况。因为在旧浏览器中上传文件需要通过 <iframe> 来模拟异步提交，此时 extraData 会转变为 <input type="hidden" /> 元素包含在表单中，被一起提交到服务器
dataType	一般不需自己设置
traditional	如果想用传统的方式来序列化数据，就设置为 true
delegation	（适用于 ajaxForm） ajaxForm() 支持 jQuery 插件的委托方式（需要 jQuery v1.7+），所以当调用 ajaxForm() 的时候表单 form 不一定存在，但动态构建的 form 会在适当的时候调用 ajaxSubmit()，如 $('#myForm').ajaxForm({ delegation: true, target: '#output' });

续表

键名	描述
replace-Target	（默认：false） 与 target 参数共同起作用，true 则执行 replaceWirh() 函数，false 则执行 html() 函数

target	提供一个 html 元素，若请求成功并且未设置 dataType 参数，则将返回的数据 replaceWith() 或 html() 对象原来的内容，再遍历对象调用 success 回调函数
	if (!options.dataType && options.target) {
	  var oldSuccess = options.success || function(){};
	  callbacks.push(function(data) {
	    var fn = options.replaceTarget ? 'replaceWith' : 'html';
	    $(options.target)[fn](data).each(oldSuccess, arguments);
	  });
	}

include-Hidden	在请求成功后，若设置执行 clearForm() 函数清空表单元素，则会根据 includeHidden 的设置决定如何清空隐藏域元素 （1）传递 true，表示清空表单的所有隐藏域元素 （2）传递字符串，表示清空特殊匹配的隐藏域表单元素，如 $('#myForm').clearForm('.special:hidden')，表示清空 class 属性包含 special 值的隐藏域
clearForm	请求成功时触发（同 success），并用 options. includeHidden 作为回调函数的参数 回调函数：$form.clearForm(options.includeHidden);
resetForm	请求成功时触发（同 success） 回调函数：$form.resetForm();
semantic	布尔值，指示表单元素序列化时是否严格按照表单元素定义顺序 在序列化时只有 <input type="image"/> 元素会放在序列化字符串的最后，若 semantic=true，则会按照定义的顺序序列化 若服务器严格要求表单序列化字符串的顺序，则使用此参数进行控制
iframe	（默认：false） 若有文件上传 'input[type=file]:enabled[value!=""]'，指示是否应该使用 <iframe> 标签（在支持 html5 文件上传新特性的浏览器中不会使用 iframe 模式）
iframe-Target	指定一个现有的 <iframe> 元素，否则将自动生成一个 <iframe> 元素以及 name 属性值。若现有的 <iframe> 元素没有设置 name 属性，则会自动生成一个 name 值
iframeSrc	为 <iframe> 元素设定 src 属性值
回调函数	
before-Serialize	提供在将表单元素序列化为字符串之前，处理表单元素的回调函数 签名：function(form,options) 函数说明：当前表单对象、options 参数集合 返回值：返回 false，表示终止表单提交操作

续表

键名	描述
before-Submit	提供在提交表单之前，处理数据的回调函数 签名：function(a,form,options) 函数说明：通过 formToArray(options.semantic, elements) 返回的表单元素数组、当前表单对象、options 参数集合 返回值：返回 false，表示终止表单提交操作

8.1.2 jQuery 使用 ajaxSubmit() 提交表单

ajaxSubmit(obj) 方法是 jQuery 的一个插件 jQuery.form.js 里面的方法，所以使用此方法需要先引入这个插件。

代码如下：

```
1. <script type="text/javascript" src="js/jquery-3.2.1.min.js"></script>
2. <script type="text/javascript" src="js/jquery-form.js"></script>
```

要通过 ajaxSubmit(obj) 提交数据，首先需要一个 form。

代码如下：

```
1.<form>
2. 标题：<input type="text" name="title" /><br />
3. 内容：<textarea name="content"><textarea/><br />
4.  <button> 提交 </button>
5. </form>
```

这是一个需要提交内容的 form，在通常情况下，直接通过 form 提交当前页面会跳转到 form 的 action 所指向的页面。然而，在很多时候不希望提交表单后页面跳转，那么就可以使用 ajaxSubmit(obj) 来提交数据。

代码如下：

```
1.<script type="text/javascript">
2.          $(document).ready(function() {
3.                    $('button').on('click', function() {
4.                              $('form').on('submit', function() {
5.                                        var title = $('input[name=title]').val(),
6.                                                  content = $('textarea').val();
7.                                        $(this).ajaxSubmit({
```

```
8.                                    type: 'post', // 提交方式：get、post
9.                                    url: 'your url', // 需要提交的 URL
10.                                   data: {
11.                                        'title': title,
12.                                        'content': content
13.                                   },
14.                                   success: function(data) {
15.// data 保存提交后返回的数据，一般为 JSON 数据
16.                                        // 在此处可对 data 作相关处理
17.                                        alert(' 提交成功！ ');
18.                                   }
19.                                   $(this).resetForm(); // 提交后重置表单
20.                              });
21.                              return false; // 阻止表单自动提交事件
22.                    });
23.          });
24.     });
25. </script>
```

8.1.3 $("form1").ajaxForm(options)

ajaxForm() 方法是对 $("any").ajaxSubmit(options) 函数的封装，适用于表单提交方式（主体对象是 <form>），可以管理表单的 submit 和提交元素（[type=submit],[type=image]）的 click 事件。在触发表单的 submit 事件时，它能阻止 submit() 事件的默认行为（同步提交的行为）并调用 $(this).ajaxSubmit(options) 函数。

文件上传示例如下。

```
1.<html>
2.  <head>
3.          <meta http-equiv="Content-Type" content="text/html; charset=utf-8" />
4.          <title> 文件上传示例 </title>
5.          <script type="text/javascript" src="js/jquery-3.2.1.min.js"></script>
6.          <script type="text/javascript" src="js/jquery-form.js"></script>
7.          <script type="text/javascript">
8.               $(function() {
9.                    var options = {
10.                        success: function(data) {
```

```
11.                                         $("#responseText").text(data);
12.                               }
13.                     };
14.                     $("#form1").ajaxForm(options);
15.           });
16.     </script>
17. </head>
18. <body>
19.     <form    id="form1"    action="ajaxOperation.do?action=formUpload"
method="post" enctype="multipart/form-data">
20.           <table>
21.                     <tr>
22.                               <td> 附件名字 :</td>
23.                               <td>
24.                                         <input  type="text"  name="fileName"  />
</td>
25.                     </tr>
26.                     <tr>
27.                               <td> 附件 :</td>
28.                               <td>
29.                                         <input  type="file"  name="document"  />
</td>
30.                     </tr>
31.                     <tr>
32.                               <td colspan="2" style="align-content: center">
33.                                         <input type="submit" value=" 模拟 iframe
提交表单 " />
34.                               </td>
35.                     </tr>
36.           </table>
37.     </form>
38.     <label id="responseText"></label>
39. </body>
40.</html>
```

8.1.3.1 $("form1").ajaxFormUnbind()

取消 $("any").ajaxForm(options) 函数对指定表单绑定的 submit 和 click 事件。

8.1.3.2 $("form1").formToArray(semantic,elements)

序列化当前表单元素到一个数组中，每个数组元素都是包含 name 和 value 属性的对象。返回值是内部构件的一个数组元素，elements 参数包含除 <input type="image"> 以外的所有表单元素。

8.1.3.3 $("form1").formSerialize(semantic)

将当前表单元素序列化为字符串形式。

```
1.$.fn.formSerialize = function(semantic) {
2.    return $.param(this.formToArray(semantic));
3.};
```

8.1.3.4 $("form1").fieldSerialize(successful)

序列化包含 name 属性的表单元素为一个字符串。successful 参数标识是否获取 type 为 reset、button、checkbox、radio、submit、image 值的元素以及 <select> 的值。返回 $(el).val()。

8.1.3.5 $("form1").fieldValue(successful) 或 $.fieldValue(element, successful)

获取指定表单中的表单元素或指定表单元素的值。successful 参数标识是否获取 type 为 reset、button、checkbox、radio、submit、image 值的元素以及 <select> 的值。返回 $(el).val()。

8.1.3.6 $("form1").clearForm(includeHidden)

清空当前表单中 input、select、textarea 元素的值。includeHidden 设置决定如何清空隐藏域元素。

（1）传递 true，表示清空表单的所有隐藏域元素。

（2）传递字符串，表示清空特殊匹配的隐藏域表单元素，如

```
$('#myForm').clearForm('.special:hidden')// 清空 class 属性包含 special 值的隐藏域表单元素
```

8.1.3.7 $.("form1").clearFields(includeHidden) 和 $.("form1").clearInputs(includeHidden)

清空当前表单中所有表单元素的值。includeHidden 设置决定如何清空隐藏域元素。

（1）传递 true，表示清空表单的所有隐藏域元素。

（2）传递字符串，表示清空特殊匹配的隐藏域表单元素，如

```
$('#myForm').clearForm('.special:hidden')// 清空 class 属性包含 special 值的隐藏域表单元素
```

8.1.3.8 $("form1").resetForm()

重置当前表单元素，使所有表单元素值回到其初始值。

8.1.3.9 $("form1").selected(select)

将当前表单元素中的所有 checkbox、radio 设置为 select，select 参数为布尔值。

8.1.4 jQuery 表单序列化

在要提交的表单元素很多的情况下，要进行表单序列化。

以下是一段常规的 AJAX 请求代码，其中列举了 data 参数的两种传递格式。

```
1.$(function() {
2.            $('#send').click(function() {
3.                $.ajax({
4.                    type: "GET",
5.                    url: "test.json",
6.                    data: {
7.                        username: $("#username").val(),
8.                        password: $("#password").val()
9.                    }, // 参数为对象
10.                   dataType: "json",
11.                   success: function(data) {
12.                       // code...
13.                   }
14.               });
15.           });
16.       });
17.       $(function() {
18.           $('#send').click(function() {
19.               var username = $("#username").val();
20.               var password = $("#password").val();
21.               $.ajax({
22.                   type: "GET",
23.                   url: "test.json",
24.                   data: "username" + username + "&password" +
password, // 参数为字符串拼接，并用 & 连接
25.                   dataType: "json",
26.                   success: function(data) {
27.                       // code...
28.                   }
29.               });
30.           });
31.       });
32. </script>
```

为了使 AJAX 请求时 data 参数的获取简便，jQuery 定义了几种快速序列化表单的方法。

8.1.4.1 serialize()

语法：var data = $("form").serialize();

返回值：将表单内容序列化成一个字符串。

这样在使用 AJAX 提交表单数据时，就不用列举出每一个参数，只需将 data 参数设置为 $("form").serialize() 即可。

其核心方法是 $.param()，用来对一个数组或对象按照 key/value 进行序列化。

```
1.var obj = {first:"one",last:"two"};
2.var str = $.param(obj);
3.console.log(str);// first=one&last=two
```

使用 serialize() 方法有个好处是自带中文编译处理，所以推荐使用这种方法。

8.1.4.2　serializeArray()

语法：var jsonData = $("form").serializeArray();

返回值：将页面表单序列化成一个 JSON 结构（键值对）的对象。

比如，[{"name":"lihui", "age":"20"},{...}] 获取数据为 jsonData[index].name。

在使用 AJAX 提交表单数据时，data 参数设置为 $(form).serialize() 或 $(form).serializeArray() 都可以。

8.2　上传插件——ajaxFileUpload.js

ajaxFileUpload.js 是一个异步上传文件的 jQuery 插件。

语法：$.ajaxFileUpload([options])

options 参数说明如下。

序号	参数	说明
1	url	上传处理程序的地址
2	fileElementId	需要上传的文件域的 id，即 <input type="file"> 的 id
3	secureuri	是否启用安全提交，默认为 false
4	dataType	服务器返回的数据的类型，可以为 xml、script、json、html，如果不填写，jQuery 会自动判断
5	success	提交成功后自动执行的处理函数，参数 data 就是服务器返回的数据
6	error	提交失败后自动执行的处理函数
7	data	自定义参数，当有数据与上传的图片相关的时候，就要用到此参数
8	type	当要提交自定义参数时，此参数要设置成 post

ajaxFileUpload.js 的使用方法如下。

第一步：引入 jQuery 与 ajaxFileUpload 插件。

引入时要注意先后顺序，所有插件都是这样的。

```
1. <script src="jquery-3.1.1.js" type="text/javascript"></script>
2. <script src="ajaxFileUpload.js" type="text/javascript"></script>
```

第二步：HTML 代码。

```
1.    <p><input type="file" id="file1" name="file" /></p>
2.          <input type="button" value=" 上传 " />
3.          <p><img id="img1" alt=" 上传成功啦 " src="" /></p>
```

第三步：jQuery 代码。

```
1.// 点击打开文件选择器
2. $("#upload").on('click', function() {
3.          $('#fileToUpload').click();
4. });
5.
6. // 选择文件之后执行上传
7. $('#fileToUpload').on('change', function() {
8.          $.ajaxFileUpload({
9.                   url: '../FileUploadServlet',
10.                  secureuri: false,
11.                  fileElementId: 'fileToUpload', //file 标签的 id
12.                  dataType: 'json', // 返回的数据的类型
13.                  data: {
14.                           name: 'logan'
15.                  }, // 一同上传的数据
16.                  success: function(data, status) {
17.                           // 替换图片
18.                           var obj = jQuery.parseJSON(data);
19.                           $("#upload").attr("src", "../image/" + obj.fileName);
20.
21.                           if(typeof(data.error) != 'undefined') {
22.                                    if(data.error != '') {
23.                                             alert(data.error);
24.                                    } else {
25.                                             alert(data.msg);
26.                                    }
27.                           }
28.                  },
```

```
29.                     error: function(data, status, e) {
30.                             alert(e);
31.                     }
32.             });
33. });
```

8.3 分页插件——jQuery.page.js

jQuery.page.js 是一个简单实用的 jQuery 分页插件，功能齐全。

下载地址：http://www.jq22.com/jQuery-info10344。

- **综合案例**

jQuery Code：

```
1. $(function() {
2.         $("#page").Page({
3.                 totalPages: 14, //total pages
4.                   liNums: 7, //li numbers(advice use odd)
5.                   activeClass:  'activP', //active class style
6.                   firstPage:  '首页', //first button name
7.                   lastPage:  '末页', //last button name
8.                   prv: '《', //previous button name
9.                   next: '》', //next button name
10.                  hasFirstPage: true, //whether has first button
11.                  hasLastPage: true, //whether has last button
12.                  hasPrv: true, //whether has previous button
13.                  hasNext: true, //whether has next button
14.                  callBack : function(page) {
15.                          alert(page);//callBack function，page:active page
16.                          }
17.         });
18. });
```

HTML Code：

```
<div id="page"></div>
```

运行结果：

《 首页 1 2 3 4 5 6 7 末页 》

8.4 导出插件——tableExport.js

tableExport.js 能够实现前端表格导出功能，可生成 Word、Excel、PDF 等文档。

下载地址：http://ngiriraj.com/pages/htmltable_export/demo.php。

jQuery 插件：

```
<script type="text/javascript" src="tableExport.js">
<script type="text/javascript" src="jquery.base64.js">
```

PNG 导出：

```
<script type="text/javascript" src="html2canvas.js">
```

PDF 导出：

```
<script type="text/javascript" src="jspdf/libs/sprintf.js">
<script type="text/javascript" src="jspdf/jspdf.js">
<script type="text/javascript" src="jspdf/libs/base64.js">
```

用法：

```
onClick ="$('#tableID').tableExport({type:'pdf',escape:'false'});"
```

参数：

```
separator: ','
ignoreColumn: [2,3],
tableName:'yourTableName'
type:'csv'
pdfFontSize:14
pdfLeftMargin:20
escape:'true'
htmlContent:'false'
consoleLog:'false'
```

使用说明如下。

（1）需要导入两个 JS 文件：一个是 tableExport.js；另一个是 jQuery.base64.js。前一个文

件用于导出数据和核心类库；后一个文件用于避免导出中文时乱码，如果导出的数据中没有中文，可以不使用它。

说明：只能对 table 标签进行操作。

（2）导入 JS 脚本。

```
<script type="text/javascript" src="js/jquery-3.1.1.js"></script>
<script type="text/javascript" src="js/tableExport.js"></script>
<script type="text/javascript" src="js/jquery.base64.js"></script>
```

jQuery Code：

```
1.$("#export").click(function() {
2.          $('#customers').tableExport({
3.                    type: 'excel',
4.                    escape: 'false',
5.                    fileName: ' 导出的文件 ',
6.                    tableName: 'sheet1'
7.
8.          });
9. });
```

HTML Code：

```
1.<table id="customers" border="1">
2.          <caption> 人口统计 </caption>
3.          <thead>
4.                    <tr class='warning'>
5.                              <th> 国家 </th>
6.                              <th> 人数 </th>
7.                              <th> 日期 </th>
8.                              <th> 占全球人数百分比 </th>
9.                    </tr>
10.         </thead>
11.         <tbody>
12.                   <tr>
13.                             <td> 中国 </td>
14.                             <td>1,363,480,000</td>
15.                             <td>2017-7-1</td>
16.                             <td>19.1</td>
17.                   </tr>
```

```
18.                     <tr>
19.                             <td> 印度 </td>
20.                             <td>1,241,900,000</td>
21.                             <td>2014-3-24</td>
22.                             <td>17.4</td>
23.                     </tr>
24.                     <tr>
25.                             <td> 美国 </td>
26.                             <td>317,746,000</td>
27.                             <td>2015-8-9</td>
28.                             <td>4.44</td>
29.                     </tr>
30.                     <tr>
31.                             <td> 巴西 </td>
32.                             <td>201,032,714</td>
33.                             <td>2013-7-1</td>
34.                             <td>2.81</td>
35.                     </tr>
36.             </tbody>
37. </table>
38. <button id="export"> 导出 Excel</button>
```

运行结果：

（1）页面截图。

人口统计

国家	人数	日期	占全球人数百分比
中国	1,363,480,000	2017-7-1	19.1
印度	1,241,900,000	2014-3-24	17.4
美国	317,746,000	2015-8-9	4.44
巴西	201,032,714	2013-7-1	2.81

导出Excel

（2）导出 Excel 界面截图。

导出的文件 (1).xls

文件 开始 插入 页面布局 公式 数据 审阅 视图

A1 国家

	A	B	C	D	E	F
1	国家	人数	日期	占全球人数百分比		
2	中国	1,363,480,000	2017-7-1	19.1		
3	印度	1,241,900,000	2014-3-24	17.4		
4	美国	317,746,000	2015-8-9	4.44		
5	巴西	201,032,714	2013-7-1	2.81		

8.5 轻量级页面打印插件——jqprint

jqprint 是一个基于 jQuery 编写的页面打印小插件，这个插件功能很强大。在 Web 打印方面，前端的打印基本是依靠 window.print() 进行的，而这个插件在其基础上进行了进一步封装，可以打印网页上的某个区域，这是一个亮点。

下载地址：http://www.jq22.com/jQuery-info347。

其使用方法如下。

第一步：引用 jQuery 和 jqprint 到页面。

```
1.    <script type="text/javascript" src="js/jquery-3.1.1.js"></script>
2. <script type="text/javascript" src="js/jquery.jqprint-0.3.js"></script>
3. <!--
4.        如果使用的是高版本 jQuery，调用下面的 jQuery 迁移辅助插件即可（需要单独下载）
5.      <script src="js/jquery-migrate-1.2.1.min.js"></script>
6.    -->
```

第二步：编写要打印的页面。

```
1.<table id="customers" border="1">
2.            <caption> 人口统计 </caption>
3.            <thead>
4.                        <tr class='warning'>
5.                                    <th> 国家 </th>
```

```
6.                      <th> 人数 </th>
7.                      <th> 日期 </th>
8.                      <th> 占全球人数百分比 </th>
9.                  </tr>
10.         </thead>
11.         <tbody>
12.                 <tr>
13.                     <td> 中国 </td>
14.                     <td>1,363,480,000</td>
15.                     <td>2017-7-1</td>
16.                     <td>19.1</td>
17.                 </tr>
18.                 <tr>
19.                     <td> 印度 </td>
20.                     <td>1,241,900,000</td>
21.                     <td>2014-3-24</td>
22.                     <td>17.4</td>
23.                 </tr>
24.                 <tr>
25.                     <td> 美国 </td>
26.                     <td>317,746,000</td>
27.                     <td>2015-8-9</td>
28.                     <td>4.44</td>
29.                 </tr>
30.                 <tr>
31.                     <td> 巴西 </td>
32.                     <td>201,032,714</td>
33.                     <td>2013-7-1</td>
34.                     <td>2.81</td>
35.                 </tr>
36.         </tbody>
37. </table>
38. <button id="print"> 打印表格 </button>
```

第三步：编写调用打印机的脚本。

```
1.  <script type="text/javascript">
2.          $(function() {
```

```
3.                    $("#print").click(function() {
4.                              $("#customers").jqprint({});
5.                    });
6.          });
7.  </script>
```

运行结果：

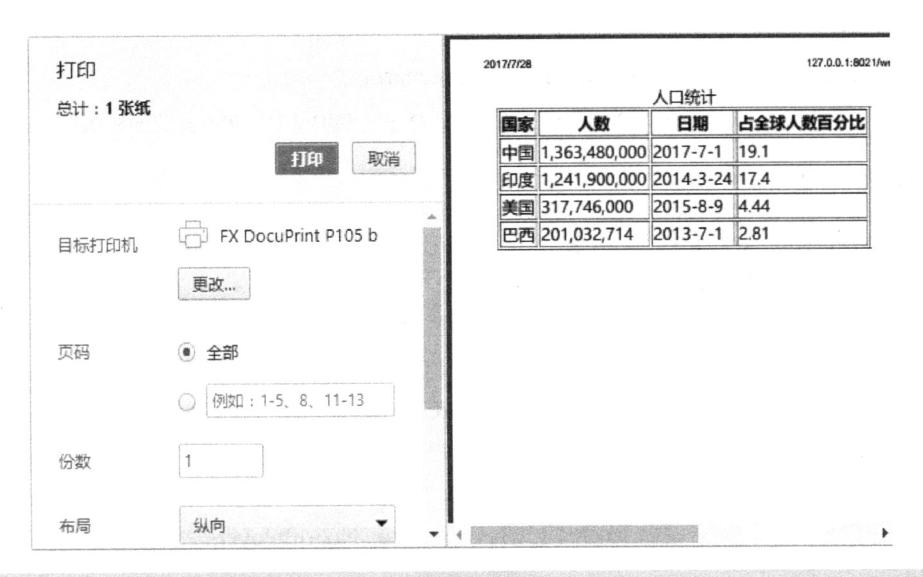

专家讲解

可以设置一个模板打印，只抽取页面上的几个数据，填入模板，进行打印。

相关参数说明如下。

$("#printContainer").jqprint({

debug: false, // 默认是 false，如果是 true，可以显示 iframe 查看效果（iframe 默认的高和宽都很小，可以在源码中调大）

importCSS: true, // 默认是 true，表示引进原来的页面的 CSS。（如果是 true，先查找 $("link[media=print]")，若没有再查找 $("link") 中的 CSS 文件）

printContainer: true, // 表示原来选择的对象必须被纳入打印。（设置为 false 会破坏 CSS 规则）

operaSupport: true // 默认是 true，表示插件支持 opera 浏览器，在这种情况下，建立一个临时的打印选项卡。

});

8.6 图表插件——corechart.js

下载地址：http://www.jq22.com/jQuery-info11352。

引入 JS 脚本。

```
1.<script src="js/jQuery-3.1.1.js"></script>
2. <script type="text/javascript" src="js/jsapi.js"></script>
3. <script type="text/javascript" src="js/corechart.js"></script>
4. <script type="text/javascript" src="js/jQuery.gvChart-1.0.1.min.js"></script>
```

jQuery Code：

```
1.<script type="text/JavaScript">
2.          gvChartInit();
3.          $(document).ready(function() {
4.                    $('#myTable5').gvChart({
5.                              chartType: 'BarChart',
6.                              gvSettings: {
7.                                        vAxis: {
8.                                                  title: 'No. of players'
9.                                        },
10.                                       hAxis: {
11.                                                 title: 'Month'
12.                                       },
13.                                       width: 600,
14.                                       height: 350
15.                             }
16.                   });
17.         });
18. </script>
19.
20. <script type="text/javascript">
21.         gvChartInit();
22.         $(document).ready(function() {
23.                   $('#myTable1').gvChart({
24.                             chartType: 'PieChart',
25.                             gvSettings: {
```

```
26.                                     vAxis: {
27.                                             title: 'No. of players'
28.                                     },
29.                                     hAxis: {
30.                                             title: 'Month'
31.                                     },
32.                                     width: 600,
33.                                     height: 350
34.                             }
35.                     });
36.             });
37. </script>
```

HTML Code：

```
1.<div style="width:600px;margin:0 auto;">
2.              <table id='myTable5'>
3.                      <caption> 会员地区分布 </caption>
4.                      <thead>
5.                              <tr>
6.                                      <th></th>
7.                                      <th> 河北 </th>
8.                                      <th> 河南 </th>
9.                                      <th> 湖北 </th>
10.                                     <th> 湖南 </th>
11.                                     <th> 山东 </th>
12.                                     <th> 山西 </th>
13.                             </tr>
14.                     </thead>
15.                     <tbody>
16.                             <tr>
17.                                     <th>1470</th>
18.                                     <td>540</td>
19.                                     <td>300</td>
20.                                     <td>150</td>
21.                                     <td>180</td>
22.                                     <td>120</td>
23.                                     <td>180</td>
```

```
24.                     </tr>
25.               </tbody>
26.         </table>
27.               <table id='myTable1'>
28.               <caption> 会员性别分布 </caption>
29.               <thead>
30.                     <tr>
31.                           <th></th>
32.                           <th> 男 </th>
33.                           <th> 女 </th>
34.                     </tr>
35.               </thead>
36.               <tbody>
37.                     <tr>
38.                           <th>1000</th>
39.                           <td>450</td>
40.                           <td>550</td>
41.                     </tr>
42.               </tbody>
43.         </table>
44. </div>
```

运行结果：

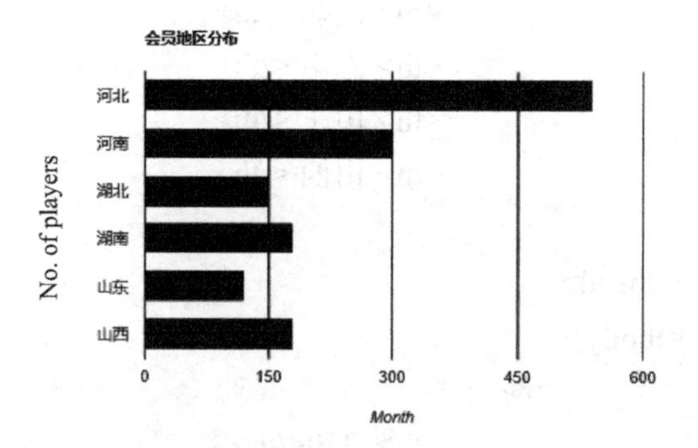

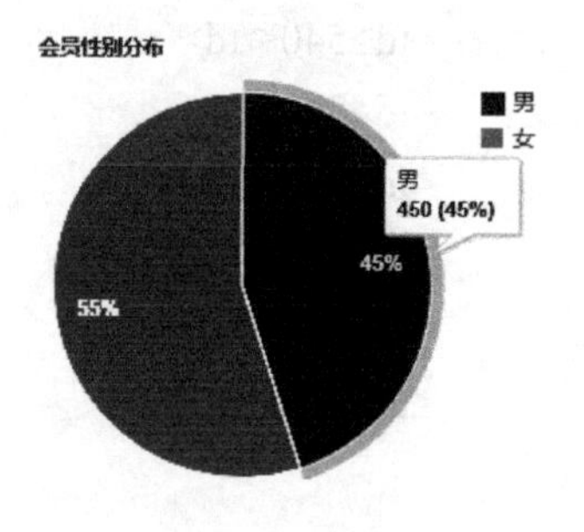

最近，Web 应用程序中越来越多地用到了 jQuery 等 Web 前端技术。这些技术有效地改善了用户的操作体验，也提高了开发人员构造的丰富客户端 UI 的效率。jQuery 本身提供了丰富的操作，但有时候需要根据业务和系统特色（风格）构造一些常用的前端 UI 组件。jQuery 的插件提供了一种较好的方式来构造这些 UI 组件，方便日后使用这些组件。

小结

本章介绍了 6 个实用和常用的插件，分别是表单插件、上传插件、分页插件、导出插件、轻量级页面打印插件和图表插件。

经典面试题

1. 什么是 jQuery 插件？
2.jQuery 组件和 jQuery 插件的区别在哪里？
3. 如何创建一个自定义 jQuery 插件？
4. 你用过哪些 jQuery 插件？
5. 使用 jQuery 插件有什么好处？
6. 如何异步提交表单？
7.form 表单如何序列化？
8. 如何异步上传图片？
9. 如何使用 jQuery 导出 Word 文档？
10. 使用什么插件能够导出图表？

跟我上机

1. 编写个人简历页面代码，使用 jQuery 插件导出 Word 文档，并输出至打印机打印。下面的页面效果仅供参考。

<table>
<tr><td colspan="7">个人简历</td></tr>
<tr><td>姓名</td><td></td><td>性别</td><td></td><td>出生年月</td><td></td><td rowspan="3">照片</td></tr>
<tr><td>民族</td><td></td><td>政治面貌</td><td></td><td>户籍</td><td></td></tr>
<tr><td>学历</td><td></td><td>专业</td><td></td><td>毕业学校</td><td></td></tr>
<tr><td colspan="7">个人履历</td></tr>
<tr><td>时间</td><td colspan="2">单位</td><td colspan="4">经历</td></tr>
<tr><td></td><td colspan="2"></td><td colspan="4"></td></tr>
<tr><td></td><td colspan="2"></td><td colspan="4"></td></tr>
<tr><td colspan="7">联系方式</td></tr>
<tr><td>家庭住址</td><td colspan="3"></td><td>联系电话</td><td colspan="2"></td></tr>
<tr><td>E-mail</td><td colspan="3"></td><td>QQ</td><td colspan="2"></td></tr>
<tr><td colspan="7">自我评价</td></tr>
<tr><td colspan="7"></td></tr>
</table>

2. 编写饼状图代码，页面数据如下表所示：

会员地区分布

各个地区总人数	河北	河南	湖北	湖南	山东	山西
1470	540	300	150	180	120	180

页面效果如下图所示：

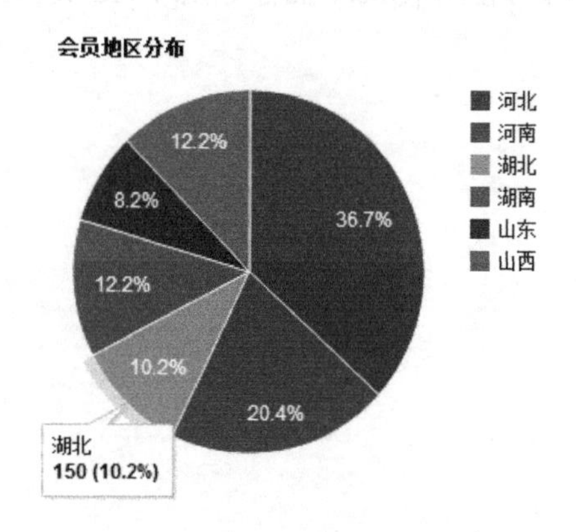

第9章　jQuery UI组件

本章要点(掌握了在方框里打钩):

☐　了解 jQuery UI 组件

☐　了解 jQuery UI 组件的特性

☐　熟练掌握 jQueryUI 组件中拖拽、投放组件的使用

☐　熟练掌握 jQueryUI 组件中缩放、选择组件的使用

☐　熟练掌握 jQueryUI 组件中表单组件的使用

☐　掌握 jQueryUI 组体中其他高级组件的使用

由于 jQuery UI 包含许多维持状态的小部件 (Widget)，因此它与典型的 jQuery 插件使用模式略有不同。因为所有 jQuery UI 小部件都使用相同的模式，所以只要学会使用其中一个，就能知道如何使用其他小部件。

jQuery UI 是一个建立在 jQuery JavaScript 库上的小部件和交互库，可以使用它创建高度交互的 Web 应用程序。

下载地址：http://www.jQueryui.org.cn/。

9.1 jQuery UI 组件的特性

优点：

简单易用	•延续了 jQuery 使用简易的特性，提供高度抽象接口，短期改善网站的易用性。
开源免费	•采用了 MIT & GPL 双协议授权，轻松满足从自由产品至企业产品的各种授权需求。
广泛兼容	•兼容各主流桌面浏览器，包括 IE 6+、Firefox 2+、Safari 3+、Opera 9+、Chrome 1+。
轻便快捷	•组件间相对独立，可按需加载，避免浪费带宽拖慢网页打开速度。
标准先进	•支持 WAI-ARIA，通过标准 XHTML 代码提供渐进增强，保证低端环境的可访问性。
美观多变	•提供近 20 种预设主题，并可自定义多达 60 项可配置样式规则，提供 24 种背景纹理选择。
开放公开	•从结构规划到代码编写，全程开放，文档、代码、讨论，人人均可参与。
强力支持	•Google 为发布代码提供 CDN（内容分发网络）支持。
完整汉化	•开发包内置包含中文在内的 40 多种语言包。

缺点：

1	•代码不够健壮：缺乏全面的测试用例，部分组件 bug 较多，不能达到企业级产品开发要求。
2	•构架规划不足：组件间 API 缺乏协调，缺乏配合使用帮助。
3	•控件较少：相对于 Dojo、YUI、Ext JS 等成熟产品，可用控件较少，无法满足复杂的界面功能要求。

9.2 如何在网页上使用 jQuery UI 组件

在通常情况下，需要在页面中引用下面 3 个文件，以便使用 jQuery UI 的窗体小部件和交互部件：

```
1. <link rel="stylesheet" href="js/jQuery-ui.min.css" />
2. <script src="js/jquery-3.1.1.js"></script>
3. <script type="text/javascript" src="js/jquery-ui.min.js"></script>
```

一旦引用了这些必要的文件，就可以向页面中添加一些 jQuery 小部件。比如，要制作一个日期选择器 (datepicker) 小部件，需要向页面中添加一个文本输入框，然后调用 .datepicker()，如下所示。

HTML Code：

```
<input type="text" name="date" id="date"  value=" 请选择日期 "/>
```

JavaScript Code：

```
1.  <script>
2.                      $(function() {
3.                              $("#date").datepicker();
4.                      });
5.          </script>
```

运行结果：

请选择日期

July 2017

Su	Mo	Tu	We	Th	Fr	Sa
						1
2	3	4	5	6	7	8
9	10	11	12	13	14	15
16	17	18	19	20	21	22
23	24	25	26	27	28	29
30	31					

9.3 常见的 jQuery UI 组件

若需要更多主题包，可以下载主题包 jQuery-ui-1.12.1.custom.zip，解压后文件如下所示：

..
external
images
AUTHORS.txt
index.html
jquery-ui.css
jquery-ui.js
jquery-ui.min.css
jquery-ui.min.js
jquery-ui.structure.css
jquery-ui.structure.min.css
jquery-ui.theme.css
jquery-ui.theme.min.css
LICENSE.txt
package.json

9.3.1 Draggable 拖动组件

属性：

属性	数据类型	默认值	说明
addClasses	Boolean	true	指示是否对可拖动元素添加 ui-draggable 类
appendTo	Element Selector	"parent"	为元素指定一个容器元素
axis	String	false	限制元素的拖动轨迹，可接受 "x" 和 "y" 或 false
cancel	Selector	":input"	指定非拖动手柄元素
connectToSortable	Selector	false	允许将元素拖至一个可排序列表中，属性值为可排序列表的选择符
containment	Selector Element String Array	false	指定拖动元素的元素拖动区域，属性值可能为 "parent""document""window" 或 [x1,y1,x2,y2] 等
cursor	String	"auto"	鼠标位于元素之上的 cursor 样式
cursorAt	Object	false	指定拖动元素时光标出现的位置，可以指定 top、left、right、bottom 中的一个或两个

续表

属性	数据类型	默认值	说明
delay	Integer	0	指定开始拖动时延迟的毫秒数
distance	Integer	1	指定开始拖动时延迟的距离像素
grid	Array	false	使元素对齐页面上的虚拟网格
handle	Element Selector	false	指定拖动元素的拖动手柄
helper	String Function	"original"	指定拖动元素时显示的辅助元素，其值可以为 "original""clone" 或函数，函数必须返回一个 DOM 元素
iframeFix	Boolean Selector	false	是否阻止 iframe 元素在拖动中捕获 Mouse-move 事件，若为选择符，则只阻止匹配元素的事件
opacity	Float	false	指定辅助元素的不透明度
revert	Boolean String	false	若为 true，则拖动停止时将返回起始位置。若为 "invalid"，则仅当未拖到目标位置时才返回；"valid" 与 "invalid" 相反
revertDuration	Integer	500	指定返回起始位置的毫秒数
scope	String	"default"	指定拖放元素的目标集，与 droppable 组合配套使用
scroll	Boolean	true	指定拖动容器元素时是否自动滚动
scrollSensitivity	Integer	20	指定元素从距离容器边缘多少像素时开始滚动
scrollSpeed	Integer	20	指定容器元素滚动的速度
snap	Boolean Selector	false	指定拖动元素靠近选择元素边缘时自动对齐
snapMode	String	"both"	指定元素对齐目标元素的那条边，可选值有 "inner""outer" 和 "both"
snapTolerance	Integer	20	指定元素距离目标元素多少像素时开始自动对齐
zIndex	Integer	false	设置辅助元素的 zIndex

方法：

```
1. $(selector).draggable("disable");                    // 禁用拖动功能
2. $(selector).draggable("enable");                     // 激活拖动功能
3. $(selector).draggable("destory");                    // 完全删除拖动功能
4. $(selector).draggable("option", name[, value]);      // 获取 / 设置属性值
```

事件：

1. start 事件：类型为 dragstart，在开始拖动时触发。
2. drag 事件：类型为 drag，在拖动过程中移动鼠标时触发。
3. stop 事件：类型为 dragstop，在停止拖动时触发。

事件绑定：

```
$(select).draggable(
    eventName:function(event, ui){
    }
);
```

（1）event：事件对象。

（2）ui：拖动元素对象，具有如下属性。

① helper：jQuery 对象，表示辅助元素。

② position：包含 top 属性和 left 属性的对象，表示辅助元素相对于起始点的位置。

③ offset：包含 top 属性和 left 属性的对象，表示辅助元素相对于页面的位置。

- **综合案例**

CSS Code：

```
1.<style>
2.          .draggable {
3.                    background-color: green;
4.                    width: 90px;
5.                    height: 80px;
6.                    padding: 5px;
7.                    float: left;
8.                    margin: 0 10px 10px 0;
9.                    font-size: .9em;
10.         }
11.
12.         .droppable {
13.                   width: 300px;
```

```
14.                     height: 300px;
15.                     background-color: red
16.           }
17. </style>
```

jQuery Code：

```
1.  <script type="text/javascript" src="js/jquery-3.1.1.js"></script>
2.  <script type="text/javascript" src="js/jquery-ui.min.js"></script>
3.          <script>
4.                  $(function() {
5.                          $("#draggable2").draggable({
6.                                  revert: "invalid",
7.                                  cursor: "move",
8.                                  cursorAt: {
9.                                          top: 56,
10.                                         left: 56
11.                                 }
12.                         });
13.                         $("#droppable").droppable({
14.                                 activeClass: "ui-state-hover",
15.                                 hoverClass: "ui-state-active",
16.                                 drop: function(event, ui) {
17.                                         $(this)
18.                                                 .addClass("ui-state-highlight")
19.                                                 .find("p")
20.                                                 .html(" 拖拽完成 !");
21.                                 }
22.                         });
23.                 });
24.         </script>
```

HTML Code：

```
1.<div id="draggable2" class="draggable">
2.                  <p> 我是被拖拽的 </p>
3.          </div>
4.
```

```
5.          <div id="droppable" class="droppable">
6.                   <p> 我是容器 </p>
7.          </div>
```

运行结果：

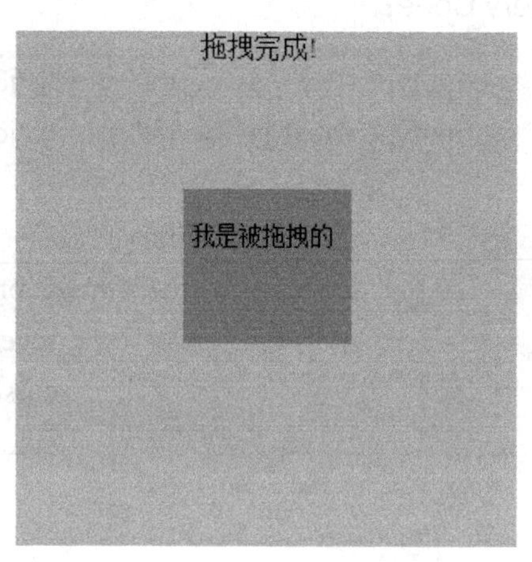

9.3.2 Droppable 投放组件

属性：

属性	数据类型	默认值	说明
accept	Selector Function	"*"	设置投放对象可接受的元素，若提供函数，则把拖动元素作为第一个参数传给函数，使该函数返回值为 true 的元素
activeClass	String	false	设置可接受的拖动元素处于拖动状态时，可投放对象的 CSS 样式
addClass	Boolean	true	是否允许投放对象添加 ui-droppable 类
greedy	Boolean	false	是否在嵌套的投放对象中阻止事件传播
hoverClass	String	false	设置拖动对象移动到投放对象上的 CSS 样式
scope	String	"default"	定义拖动对象和投放对象的目标集
tolerance	String	"intersect"	设置可接受的拖放元素完成投放的触发模式，包括 "fit""intersect""pointer""touch" 等

方法：

```
1. $(selector).droppable("disable");                    // 禁用投放功能
2. $(selector).droppable("enable");                     // 激活投放功能
3. $(selector).droppable("destroy");                    // 完全删除投放功能
4. $(selector).droppable("option", name[, value]);      // 获取 / 设置属性值
```

事件：

1.activate 事件：类型为 dropactivate，在可接受的对象开始拖动时触发。
2.deactivate 事件：类型为 dropdeactivate，在可接受的对象停止拖动时触发。
3.over 事件：类型为 dropover，在可接受的对象位于目标对象上方时触发。
4.out 事件：类型为 dropout，在可接受的对象移出目标对象时触发。
5.drop 事件：类型为 drop，在可接受的对象投放到目标对象上时触发。

事件绑定：

```
$(selector).droppable(
    eventName:function(event, ui){
    }
);
```

（1）event：事件对象。
（2）ui：包含附件信息的 ui 对象，具有如下属性。
① draggable：表示当前拖动元素。
② helper：表示当前拖动元素的辅助元素。
③ position：包含 top 属性和 left 属性的对象，表示辅助元素相对于起始点的位置。
④ offset：包含 top 属性和 left 属性的对象，表示辅助元素相对于页面的位置。

- **综合案例**

jQuery Code：

```
1.<script>
2.        $(function() {
3.                $("#draggable").draggable();
4.                $("#droppable").droppable({
5.                        drop: function(event, ui) {
6.                                $(this)
7.                                        .addClass("ui-state-highlight")
8.                                        .find("p")
9.                                        .html("Dropped!");
10.                       }
```

```
11.                     });
12.            });
13. </script>
```

HTML Code：

```
1.<div id="draggable" style="background-color: gray;">
2.            <p> 请把我拖拽到目标处！ </p>
3.  </div>
4.
5.  <div id="droppable" style="background-color: pink;" >
6.            <p> 请放置在这里！ </p>
7.  </div>
```

运行结果：

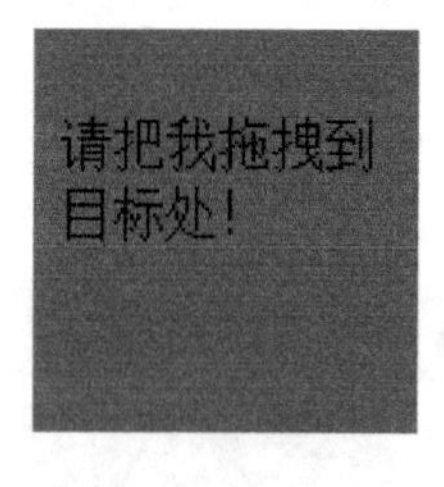

请放置在这里！

9.3.3 Resizable 缩放组件

属性：

属性	数据类型	默认值	说明
alsoResize	Selector jQuery Element	false	调整大小时，同步调整一组所选元素的大小
animate	Boolean	false	是否为缩放过程添加动画效果
animateDuration	Integer String	"slow"	指定动画持续的时间，可以为 "slow""normal""fast" 或具体的毫秒数
animateEasing	String	"swing"	指定动画效果
aspectRatio	Boolean Float	false	调整大小时是否保持原长宽比。也可以指定一个长宽比，如 0.5
autoHide	Boolean	false	是否隐藏缩放手柄，直到鼠标位于该手柄之上时

续表

属性	数据类型	默认值	说明
cancel	Selector	":input"	阻止匹配的元素的尺寸发生变化
containment	String Element Selector	false	限制在指定元素的边界范围内调整尺寸大小，可选值有 "parent""document" 等 DOM 元素或选择符
delay	Integer	0	指定缩放的延迟毫秒数
distance	Integer	1	指定缩放的延迟像素数
ghost	Boolean	false	是否显示半透名的辅助元素
grid	Array	false	指定缩放时对齐的网格，接受 [x, y] 分别为网格宽度和高度
handles	String Object	"e,s,se"	定义缩放手柄，若提供字符串，则以逗号分隔 n、e、s、w、ne、se、sw、nw 以及 all，若为对象可以包含以上属性的任意项
helper	String	false	设置辅助元素的 CSS 样式
maxHeight	Integer	null	设置允许调整的最大高度
maxWidth	Integer	null	设置允许调整的最大宽度
minHeight	Integer	10	设置允许调整的最小高度
minWidth	Integer	10	设置允许调整的最小宽度

方法：

```
1. $(selector).resizable("disable");                    // 禁用缩放功能
2. $(selector).resizable("enable");                     // 激活缩放功能
3. $(selector).resizable("destroy")                     // 完全删除缩放功能
4. $(selector).resizable("option", name[, value]);      // 获取 / 设置属性值
```

事件：

1.start 事件：类型为 resizestart，在开始缩放操作时触发。
2.resize 事件：类型为 resize，在通过缩放手柄操作时触发。
3.stop 事件：类型为 resizestop，在停止缩放操作时触发。

事件绑定：

```
$(selector).resizable({
    eventName:function(event, ui){
    }
});
```

（1）event: 事件对象。

（2）ui：包含附件信息的 ui 对象，具有如下属性。

① helper：表示包含 helper 元素的对象。

② originalPosition：包含 top 属性和 left 属性的对象，表示缩放前的位置。

③ position：包含 top 属性和 left 属性的对象，表示当前位置。

④ size：包含 width 属性和 height 属性的对象，表示当前大小。

- **综合案例**

CSS Code：

```
1.<style>
2.        #resizable {
3.                width: 150px;
4.                height: 150px;
5.                padding: 0.5em;
6.        }
7.
8.        #resizable h3 {
9.                text-align: center;
10.               margin: 0;
11.       }
12. </style>
```

jQuery Code：

```
1.<link rel="stylesheet" href="js/jQuery-ui.min.css" />
2. <script type="text/javascript" src="js/jquery-3.1.1.js"></script>
3. <script type="text/javascript" src="js/jquery-ui.min.js"></script>
```

HTML Code：

```
1.<div id="resizable" class="ui-widget-content">
2. <h3 class="ui-widget-header"> 缩放 (Resizable)</h3>
3.</div>
```

运行结果：

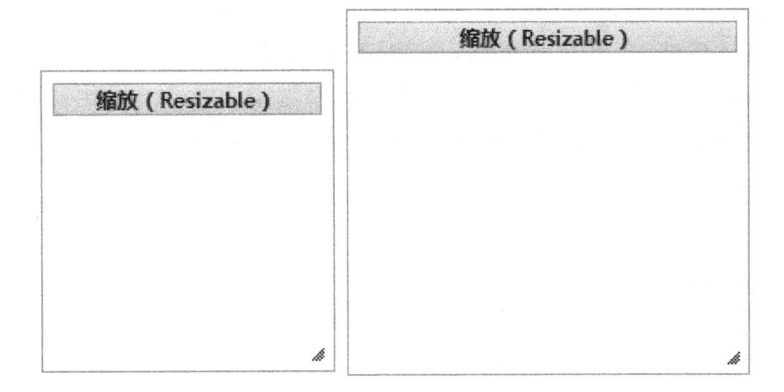

9.3.4 Selectable选择组件

CSS样式：

.ui-selecting类：选择某个项目时添加该类。

.ui-selected类：选定了某个项目时添加该类。

.ui-selectee类：对可选择的元素添加该类。

属性：

属性	数据类型	默认值	说明
autoRefresh	Boolean	true	是否在选择操作之前刷新（计算）每个可选的位置和大小，可以设置为false，然后手动调用refresh方法
cancel	Selector	":input"	阻止匹配的元素进行选择操作
delay	Integer	0	设置选择延迟的毫秒数
distance	Integer	0	设置选择延迟的像素数
filter	Selector	"*"	设置能都选择的匹配的子元素
tolerance	String	"touch"	指定触发选择操作的条件，可选值"touch""fit"分别表示完全和部分覆盖即可

方法：

```
1. 可选对象也有disable、enable、destroy、option方法。
2.$(selector).selectable("refresh");    //手动刷新，重新计算每个元素的大小和位置
```

事件：

```
1.start事件：类型为selectablestart，在开始选择操作时触发。
```

2.selecting 事件：类型为 selectableselecting，在选定元素时触发。
3.selected 事件：类型为 selectableselected，在结束选择时触发。
4.unselecting 事件：类型为 selectableunselecting，在从选中项中移出元素时触发。
5.unselected 事件：类型为 selectableunselected，从选中项中移出元素，并结束操作。
6.stop 事件：类型为 selectablestop，在结束选择操作时触发。

事件绑定：

```
$(selector).selectable({
    eventName:function(event, ui){
    }
});
```

（1）event：事件对象。
（2）ui：包含附件信息的 ui 对象。

● **综合案例**

CSS Code：

```
1.<style>
2.        #feedback {
3.                font-size: 1.4em;
4.        }
5.
6.        #selectable .ui-selecting {
7.                background: #FECA40;
8.        }
9.
10.       #selectable .ui-selected {
11.               background: #F39814;
12.               color: white;
13.       }
14.
15.       #selectable {
16.               list-style-type: none;
17.               margin: 0;
18.               padding: 0;
19.               width: 60%;
20.       }
21.
22.       #selectable li {
```

```
23.                 margin: 3px;
24.                 padding: 0.4em;
25.                 font-size: 1.4em;
26.                 height: 18px;
27.         }
28. </style>
```

jQuery Code：

```
1.$(function() {
2.          $("#selectable").selectable({
3.                  stop: function() {
4.                          var result = $("#select-result").empty();
5.                          $(".ui-selected", this).each(function() {
6.                                  var index = $("#selectable li").index(this);
7.                                  result.append(" #" + (index + 1));
8.                          });
9.                  }
10.         });
11. });
```

HTML Code：

```
1.<p id="feedback">
2.          <span> 您已经选择了：</span> <span id="select-result"> 无 </span>。
3.  </p>
4.
5.  <ol id="selectable">
6.          <li class="ui-widget-content">Item 1</li>
7.          <li class="ui-widget-content">Item 2</li>
8.          <li class="ui-widget-content">Item 3</li>
9.          <li class="ui-widget-content">Item 4</li>
10.         <li class="ui-widget-content">Item 5</li>
11.         <li class="ui-widget-content">Item 6</li>
12. </ol>
```

运行结果：

您已经选择了： #5。

Item 1
Item 2
Item 3
Item 4
Item 5
Item 6

9.3.5 Sortable 排序组件

使用 $(selector).sortable([options]) 构造方法将目标元素（如 <ul>）包装成 jQuery 对象。

属性：

属性	数据类型	默认值	说明
appendTo	String	"parent"	指定在拖动过程中将辅助元素追加到何处
axis	String	false	指定条目的拖动方向，可选择 "x""y"
cancel	Selector	":input"	指定禁止排序的元素
connectWith	Selector	false	允许排序列表连接另一个排序列表，将条目拖动至另一个列表中
containment	Element String Selector	false	指定条目的拖动范围，可选值有 "parent""document" "window" 等 DOM 元素或 jQuery 选择符
cursor	String	"auto"	指定排序时鼠标的 CSS 样式
cursorAt	Object	false	指定拖动条目时光标出现的位置，取值是对象，可以包含 top、left、right、bottom 属性中的一个或两个
delay	Integer	0	指定拖动条目的延迟毫秒数
distance	Integer	1	指定拖动条目的延迟像素数
dropOnEmpty	Boolean	true	是否可以将条目拖放至空的列表中
forceHelperSize	Boolean	false	是否强制辅助元素具有尺寸
forcePlaceholdersize	Boolean	false	是否强制占有符具有尺寸
grid	Array	false	使条目或辅助元素对齐网格，取值为数组 [x, y]，表示网格的宽度和高度

续表

属性	数据类型	默认值	说明
handle	Selector Element	false	指定条目的拖动手柄
helper	String Function	"original"	指定显示的辅助元素，可选值："original" 或 "clone"，若为函数则函数返回一个 DOM 元素
items	Selector	">*"	指定列表中可以排序的条目
opacity	Float	false	指定辅助元素的不透明度 0.01~1
placeholder	String	false	指定排序时，空白占位的 CSS 样式
revert	Boolean Integer	false	是否支持动画效果，或指定动画毫秒数
scroll	Boolean	true	是否元素拖动到边缘时自动滚动
scrollSensitivity	Integer	20	指定元素拖动到距离边缘多少像素时开始滚动
scrollSpeed	Integer	20	指定滚动的速度
tolerance	String	"intersect"	设置拖动元素拖动多少距离时开始排序，可选值："intersect" 和 "pointer"，前者表示重叠 50%，后者表示重叠
z-Index	Integer	1000	指定辅助元素的 z-Index 值

方法：

1. 可排序元素也有 disable、enable、destroy、option 方法。

2.$(selector).sortable("serialize"[, option]);　　// 将排序条目的 id 序列化成可提交的表单数据

3.$(selector).sortable("toArray");　　// 将排序条目的 id 序列化成字符串数组

4.$(selector).sortable("refresh");　　// 刷新可排序条目

5.$(selector).sortable("refreshPositions");　　// 刷新排序条目的缓存位置

6.$(selector).sortable("cancel");　　// 取消当前条目的顺序改变

事件：

1.start 事件：类型为 sortablestart，在开始排序时触发。

2.sort 事件：类型为 sortablesort，在排序期间触发。

3.change 事件：类型为 sortablechange，在元素位置发生改变时触发。

4.beforeStop 事件：类型为 sortbeforestop，停止排序，但辅助元素仍可用。

5.stop 事件：类型为 sortstop，在停止排序时触发。

6.update 事件：类型为 sortupdate，在停止排序，且元素位置发生改变时触发。

7.receive 事件：类型为 sortreceive，在连接的列表从另一个列表中接受条目时触发。

8.remove 事件：类型为 sortremove，在从列表中拖出条目，并放置到另一个列表中时触发。

9.over 事件：类型为 sortover，在条目被移出列表时触发。

事件绑定：

```
$(selector).sortable({
    eventName:function(event, ui){
    }
});
```

（1）event：事件对象。

（2）ui：包含附件信息的 ui 对象，具有如下属性。

① helper：表示当前排序元素的 jQuery 对象。

② position：包含 top 属性和 left 属性，表示相对于起始点的位置。

③ offset：包含 top 属性和 left 属性，表示相对于页面的位置。

④ item：表示当前拖动元素的 jQuery 对象。

⑤ placeholder：表示占位符。

⑥ sender：表示当前条目所属的排序对象。

- **综合案例**

CSS Code：

```
1.<style>
2.  #sortable { list-style-type: none; margin: 0; padding: 0; width: 60%; }
3.  #sortable li { margin: 0 3px 3px 3px; padding: 0.4em; padding-left: 1.5em; font-size: 1.4em; height: 18px; }
4.  #sortable li span { position: absolute; margin-left: -1.3em; }
5. </style>
```

jQuery Code：

```
1.<script>
2.  $(function() {
3.    $( "#sortable" ).sortable();
4.    $( "#sortable" ).disableSelection();
5.  });
6. </script>
```

HTML Code：

```
1.<ul id="sortable">
```

```
2.    <li class="ui-state-default"><span class="ui-icon ui-icon-arrowthick-2-n-s">
</span>Item 1</li>
3.    <li class="ui-state-default"><span class="ui-icon ui-icon-arrowthick-2-n-s">
</span>Item 2</li>
4.    <li class="ui-state-default"><span class="ui-icon ui-icon-arrowthick-2-n-s">
</span>Item 3</li>
5.    <li class="ui-state-default"><span class="ui-icon ui-icon-arrowthick-2-n-s">
</span>Item 4</li>
6.    <li class="ui-state-default"><span class="ui-icon ui-icon-arrowthick-2-n-s">
</span>Item 5</li>
7.    <li class="ui-state-default"><span class="ui-icon ui-icon-arrowthick-2-n-s">
</span>Item 6</li>
8.    <li class="ui-state-default"><span class="ui-icon ui-icon-arrowthick-2-n-s">
</span>Item 7</li>
9.</ul>
```

运行结果：

↕ Item 1	↕ Item 3
↕ Item 2	↕ Item 1
↕ Item 3	↕ Item 2
↕ Item 4	↕ Item 4
↕ Item 5	↕ Item 5
↕ Item 6	↕ Item 6
↕ Item 7	↕ Item 7

9.3.6 Button 按钮组件

单选按钮和复选框：

（1）为控件添加 ID；

（2）为控件添加 <label> 标签；

（3）将一组单选按钮或复选框放置到某个容器中（如 <div>、<span>）；

（4）将容器用 $(selector).buttonset() 方法转换成 jQuery 对象。

CSS 样式：

.ui-button：按钮的样式。

.ui-button-text：按钮上文本的样式。

属性：

属性	数据类型	默认值	说明
text	Boolean	true	是否显示文本，若为 false，必须启用图标
icons	Option	{primary:null secondary:null}	指定显示的图标，属性值为字符串类名，分别为左边的图标和右边的图标
label	String	按钮的 value 属性	按钮上显示的文本

方法：

```
1. 也有 disable、enable、destroy、option 方法。
2.$(selector).button([options]);                // 普通按钮的构造方法
3.$(selector).buttonset();                      // 单选按钮或复选框的构造方法
```

● **综合案例**

jQuery Code：

```
1.<script>
2.  $(function() {
3.          $("#beginning").button({
4.                  text: false,
5.                  icons: {
6.                          primary: "ui-icon-seek-start"
7.                  }
8.          });
9.          $("#rewind").button({
10.                 text: false,
11.                 icons: {
12.                         primary: "ui-icon-seek-prev"
13.                 }
14.         });
15.         $("#play").button({
16.                         text: false,
17.                         icons: {
18.                                 primary: "ui-icon-play"
19.                         }
20.                 })
21.                 .click(function() {
```

```
22.                     var options;
23.                     if($(this).text() === "play") {
24.                             options = {
25.                                     label: "pause",
26.                                     icons: {
27.                                             primary: "ui-icon-pause"
28.                                     }
29.                             };
30.                     } else {
31.                             options = {
32.                                     label: "play",
33.                                     icons: {
34.                                             primary: "ui-icon-play"
35.                                     }
36.                             };
37.                     }
38.                     $(this).button("option", options);
39.             });
40.     $("#stop").button({
41.                     text: false,
42.                     icons: {
43.                             primary: "ui-icon-stop"
44.                     }
45.             })
46.             .click(function() {
47.                     $("#play").button("option", {
48.                             label: "play",
49.                             icons: {
50.                                     primary: "ui-icon-play"
51.                             }
52.                     });
53.             });
54.     $("#forward").button({
55.             text: false,
56.             icons: {
57.                     primary: "ui-icon-seek-next"
58.             }
```

```
59.            });
60.            $("#end").button({
61.                    text: false,
62.                    icons: {
63.                            primary: "ui-icon-seek-end"
64.                    }
65.            });
66.            $("#shuffle").button();
67.            $("#repeat").buttonset();
68. });
69. </script>
```

9.3.7 Dialog 对话框组件

CSS 样式：

ui-dialog：对话框样式。

ui-dialog-titlebar：对话框标题栏样式。

ui-dialog-title：对话框标题字体样式。

ui-dialog-titlebar-close：对话框标题栏关闭样式。

通过设置 <link> 标签的 href 属性来改变对话框样式。

属性	数据类型	默认值	说明
autoOpen	Boolean	true	是否在调用 dialog() 方法时自动打开，若为 false，则保持隐藏，直到调用 dialog("open") 方法
bgiframe	Boolean	false	若设置为 true，则使用 bgiframe 插件，以解决 IE6 中的 bug（1.8.1 版本）
buttons	Object	{}	指定在对话框中显示的按钮，key 值为按钮的文本，value 值为对应的回调函数。回调函数中的上下文指代当前对话框
closeOnEscape	Boolean	true	是否在获得焦点并且用户按 <ESC> 时关闭
closeText	String	"close"	指定关闭按钮的文本
dialogClass	String	""	指定添加到对话框的类名
draggable	Boolean	true	是否可拖动对话框
height	Number	"auto"	指定对话框的高度，"auto" 为适应内容
hide	String	null	指定关闭对话框时的动画效果
maxHeight	Number	false	指定对话框的最大高度
maxWidth	Number	false	指定对话框的最大宽度

续表

属性	数据类型	默认值	说明
minHeight	Number	150	指定对话框的最小高度
minWidth	Number	150	指定对话框的最小宽度
modal	Boolean	false	是否为模式窗口
position	String Array	"center"	指定对话框的初始位置，可选值有 "center""left" "right""top""bottom"，也可以是包含 [top, left] 的数组
resizable	Boolean	true	是否可调整对话框的大小
show	String	null	指定打开对话框时的动画效果
stack	Boolean	true	是否将对话框叠放到其他对话框顶部
title	String	""	指定对话框的标题，也可以通过元素的 title 属性来指定
width	Number	300	对话框的宽度
zIndex	Integer	1000	设置对话框起始的 z-Index 属性

运行结果：

方法：

1. $(selector).dialog() 函数也有 disable、enable、destroy、option 方法。
2. $(selector).dialog("close"); // 关闭对话框
3. $(selector).dialog("isOpen"); // 判断对话框是否打开，返回 Boolean
4. $(selector).dialog("moveToTop"); // 将对话框置顶
5. $(selector).dialog("open"); // 打开对话框

事件：

1.focus 事件：类型为 dialogfocus，在对话框获得焦点时触发。
2.open 事件：类型为 dialogopen，在对话框打开时触发。
3.dragStart 事件：类型为 dialogdragstart，在开始拖动对话框时触发。
4.drag 事件：类型为 dialogdrag，在拖动对话框时触发。
5.dragStop 事件：类型为 dialogdragstop，在停止拖动对话框时触发。
6.resizeStart 事件：类型为 dialogresizestart，在开始调整对话框大小时触发。

7.resize 事件：类型为 dialogresize，在调整对话框大小时触发。

8.resizeStop 事件：类型为 dialogresizestop，在停止调整对话框大小时触发。

9.beforeclose 事件：类型为 dialogbeforeclose，在试图关闭对话框时触发，如果要阻止关闭对话框，则在函数中返回 false。

10.close 事件：类型为 dialogclose，在关闭对话框时触发。

事件绑定：

```
$(selector).dialog({
    eventName:function(event, ui){
    }
});
```

（1）e：事件对象。

（2）ui：封装对象。

（3）this：对话框元素。

- **综合案例**

jQuery Code：

```
1.<script>
2.        $(function() {
3.                $("#dialog-confirm").dialog({
4.                        resizable: false,
5.                        height: 200,
6.                        modal: true,
7.                        buttons: {
8.                                " 确定 ": function() {
9.                                        $(this).dialog("close");
10.                               },
11.                               " 取消 ": function() {
12.                                       $(this).dialog("close");
13.                               }
14.                       }
15.               });
16.       });
17. </script>
```

HTML Code：

```
1.<div id="dialog-confirm" title=" 提示？">
```

```
2. <p><span class="ui-icon ui-icon-alert" style="float:left; margin:0 7px 20px 0;">
</span> 确认删除本记录么？ </p>
3.</div>
```

运行结果：

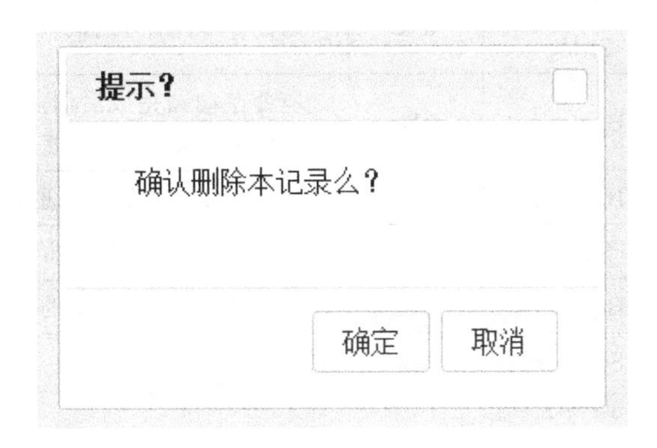

9.3.8 Accordion 折叠面板组件

创建容器元素（如 <div>），用来初始化、添加面板的标题（如 <h3>）和内容（如 <div>）。例如：

```
<div id="accordion">
    <h3><a href="#"> 第一个面板的标题 </a></h3>
    <div> 第一个面板的内容 </div>
    <h3><a href="#"> 第二个面板的标题 </a></h3>
    <div> 第二个面板的内容 </div>
</div>
```

CSS 样式：

ui-accordion：折叠面板样式。

ui-accordion-header：折叠面板标题样式。

ui-accordion-content：折叠面板内容样式。

属性：

属性	数据类型	默认值	说明
active	Selector Element jQuery Boolean Number	0	用于激活面板中的内容，若设置为 false，则在开始时不显示任何面板

续表

属性	数据类型	默认值	说明
animated	Boolean String	"slide"	选择要应用的动画效果，如为 false 则禁用
autoHeight	Boolean String	true	是否将内容部分的最大高度应用到其他部分
clearStyle	Boolean	false	是否在动画完成后清除 height 和 overflow 属性，不能与 autoHeight 一起使用
collapsible	Boolean	false	是否所有部分都允许通过 click 来关闭
event	String	"click"	指定触发打开面板的事件
fillSpace	Boolean	false	是否完全填充父元素的高度，将重写 autoHeight
header	Selector jQuery	见说明	标题元素的选择器，默认为 li
icons	Object	见说明	标题所使用的图标可以通过 "header" "headerSelected" 来指定，默认为 {"header":"ui-icon-triangle-1-e","headerSelected":"ui-icon-triangle-1-s"}
navigation	Boolean	false	是否使用 navigationFilter 属性来实现自定义匹配
navigationFilter	Function		重写默认的 location.href，以实现自定义匹配

方法：

1. 折叠面板也有 disable、enable、destroy、option 方法。

2.$(selector).accordion("activate", index|selector);

// 用于激活指定的面板，index 是从 0 开始的数字，也可以设置为选择器表达式。若设置为 false，则关闭所有面板，此时需要将 collapsible 设置为 true

事件：

1.changestart 事件：类型为 accordionchangestart，在开始变化时触发。

2.change 事件：类型为 accordionchange，在变化时触发。

事件绑定：

```
$(selector).accordion({
    eventName:function(event, ui){
    }
});
```

（1）event：事件对象。

（2）ui：包含附件信息的封装对象，具有如下属性。

① newHeader：表示当前激活的标题的 jQuery 对象。

② oldHeader：表示上一个标题的 jQeruy 对象。

③ newContent：表示当前激活的内容的 jQuery 对象。

④ oldContent：表示上一个内容的 jQuery 对象。

排序功能的设置步骤。

（1）将每个面板的标题和内容分别放在各自的容器中。

例如：

```
1.<div id="accordion">
2.          <div>
3.                    <h3><a href="#"> 第一个面板的标题 </a></h3>
4.                    <div> 第一个面板的内容 </div>
5.          </div>
6.          <div>
7.                    <h3><a href="#"> 第二个面板的标题 </a></h3>
8.                    <div> 第二个面板的内容 </div>
9.          </div>
10.</div>
```

（2）对整个折叠面板，通过 accordion() 方法构造面板元素。

（3）对构造好的面板元素，通过 sortable() 方法构造可排序元素（见 Sortable 组件）。

（4）给标题绑定 click 事件，并在停止操作之后立即阻止事件传播。

- **综合案例**

jQuery Code：

```
1.<script>
2.          $(function() {
3.                    $("#accordion").accordion();
4.          });
5.</script>
```

HTML Code：

```
1.<div id="accordion">
2.          <h3> 学生管理 </h3>
3.          <div>
4.                    <p>
```

```
5.                              我是学生管理
6.                   </p>
7.          </div>
8.          <h3> 统计分析 </h3>
9.          <div>
10.                  <p>
11.                             我是统计分析
12.                  </p>
13.         </div>
14.         <h3> 系统管理 </h3>
15.         <div>
16.                  <p>
17.                             我是系统管理
18.                  </p>
19.                  <ul>
20.                             <li> 权限管理 </li>
21.                             <li> 注销系统 </li>
22.                             <li> 退出系统 </li>
23.                  </ul>
24.         </div>
25. </div>
```

运行结果：

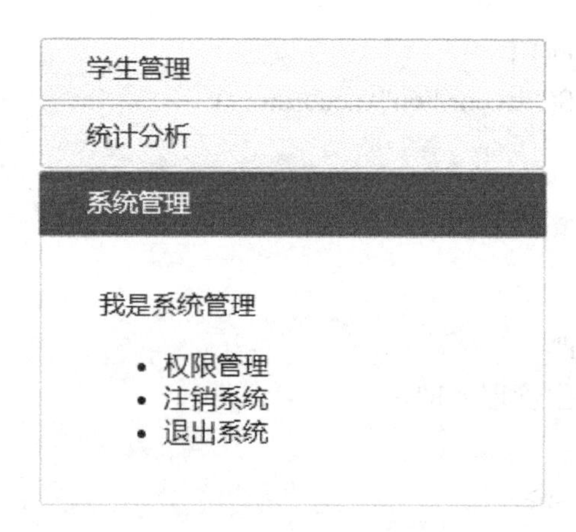

9.3.9 Tabs 选项卡组件

创建选项卡容器（如 <div>），在容器中创建每个面板的标题（如一个 <ul>、一组 <li> 和 <a>），再为每个选项卡添加内容（如一组 <div>），标题的 <a> 通过 herf 连接到 <div> 的 id

属性，例如：href="#tabs-1"。

如果选项卡的内容为远程文件，则应将 href 属性设置为 url，此时自动生成内容面板。

CSS 样式：

ui-tabs：选项卡容器样式。

ui-tabs-nav：选项卡标题栏样式。

ui-tabs-panel：选项卡内容面板样式。

属性：

属性	数据类型	默认值	说明
ajaxOptions	Options	null	设置远程选项卡的 AJAX 选项内容
cache	Boolean	false	设置是否对远程选项卡内容进行缓存
collapsible	Boolean	false	是否允许将选定的选项卡内容折叠起来
cookie	Object	null	将最后选中的选项卡内容保存到 cookie 中，需要使用 cookie 插件
disabled	Array<Number>	[]	包含选项卡位置的数组（从 0 开始）用于设置初始化时禁用哪些选项卡
event	String	"click"	指定选择选项卡时需要触发什么事件
fx	Options Array<Options>	null	指定切换选项卡时的动画效果
idPrefix	String	"ui-tabs-"	指定远程选项卡的 id 属性的前缀，后缀为选项卡的 index，在锚元素无 title 属性时使用。若锚元素有 title 属性，则使用此属性作为选项卡的 id 属性
panelTemplate	String	"<div> </div>"	指定使用 add 方法创建并添加选项卡或动态创建远程选项卡的面板所使用的 HTML 模板
selected	Number	0	指定初始化时所选中的选项卡，若为 -1 则都不选中
spinner	String	见说明	指定加载远程内容时选项卡标题上的 HTML 的内容，若为空，则停用该行为。必须在标题的 <a></a> 标记之间添加 <span> 元素，以使内容可见
tabTemplate	String	见说明	指定创建并添加选项卡时使用的 HTML 模板，默认值为 "<li><a href='#{href}'><span>#{label}</span></a></li>"。#{href} 和 #{label} 是占位符，它们将被 add 方法的 URL 和选项卡标题所取代

方法:

1. 选项卡也有 disable、enable、destroy、option 方法。

2.$(selector).tabs("add", url, label[, index]);

// url 为新选项卡的内容面板，label 选项卡的标题，index 为插入位置的索引，默认为末尾

3.$(selector).tabs("remove", index); // 移出选项卡，index 从 0 开始

4.$(selector).tabs("enable", index); // 激活选项卡

5.$(selector).tabs("disable", index); // 禁用选项卡

6.$(selector).tabs("select", index); // 选定一个选项卡

7.$(selector).tabs("load", index);

// 用编程的方式重新加载一个 AJAX 选项卡，即使 cache=true

8.$(selector).tabs("url", index, url); // 改变 AJAX 选项卡加载的内容 url

9.$(selector).tabs("length"); // 获取面板的选项卡数目

10.$(selector).tabs("abort"); // 终止所有正在运行的 AJAX 请求和动画

11.$(selector).tabs("rotate", ms, [continuing]);

// 设置自动切换选项卡，ms 为切换的时间，若为 0 或 null 则停止切换，continuing 设置当用户选择了一个选项卡后是否继续切换，默认为 false

事件:

1.select 事件:类型为 tabsselect，在单击选项卡时触发。

2.load 事件:类型为 tabsload，在加载远程选项卡内容时触发。

3.show 事件:类型为 tabsshow，在显示一个选项卡时触发。

4.add 事件:类型为 tabsadd，在添加一个选项卡时触发。

5.remove 事件:类型为 tabsremove，在移出一个选项卡时触发。

6.enable 事件:类型为 tabsenable，在激活一个选项卡时触发。

7.disable 事件:类型为 tabsdisable，在禁用一个选项卡时触发。

事件绑定:

```
$(selector).tabs({
    eventName:function(event, ui){
    }
});
```

(1)event:事件对象。

(2)ui:包含额外事件信息的封装对象，具有如下属性。

① tab:当前选定的选项卡的锚元素。

② panel:当前选定的选项卡的内容面板元素。

③ index:当前选定的选项卡的索引值，从 0 开始。

- **综合案例**

jQuery Code：

```
1. $(function() {
2.   $( "#tabs" ).tabs({
3.     event: "mouseover"
4.   });
5. });
```

HTML Code：

```
1.<div id="tabs">
2. <ul>
3.   <li><a href="#tabs-1"> 首页 </a></li>
4.   <li><a href="#tabs-2"> 用户管理 </a></li>
5.   <li><a href="#tabs-3"> 系统管理 </a></li>
6. </ul>
7. <div id="tabs-1">
8.   <p> 我是首页 </p>
9. </div>
10. <div id="tabs-2">
11.   <p> 我是用户管理 </p>
12. </div>
13. <div id="tabs-3">
14.   <p> 我是系统管理 </p>
15. </div>
16.</div>
```

运行结果：

首页 用户管理 系统管理

我是用户管理

9.3.10 Datepicker 日期选择器组件

CSS 样式：

ui-datepicker；

ui-datepicker-header;
ui-datepicker-prev;
ui-datepicker-next;
ui-datepicker-title;
ui-datepicker-month;
ui-datepicker-year;
ui-datepicker-calendar;
ui-datepicker-week-end;
ui-datepicker-other-month;
ui-datepicker-buttonpanel;
ui-datepicker-current;
ui-datepicker-close。

属性:

属性	数据类型	默认值	说明
altField	String	""	使用备用的输出字段,即将选择的日期以另一种格式输出到另一个控件中,值为选择符,即要输出的控件
altFormat	String	""	altField 输出的格式,详细格式见 dateFormat 方法
appendText	String	""	指定每个日期字段后面显示的文本
autoSize	Boolean	false	是否自动调整控件大小,以适应当前的日期格式
buttonImage	String	""	指定弹出按钮图像的 url,若设置则 buttonText 将成为 alt 值
buttonImageOnly	Boolean	false	是否将图像放在控件后面作为触发器
buttonText	String	"..."	指定触发按钮上显示的文本,showOn 属性应设置为 button 或 both
changeMonth	Boolean	false	是否使用下拉列表选择月份
changeYear	Boolean	false	是否使用下拉列表选择年份
closeText	String	"done"	指定关闭链接显示的文本
dateFormat	String	"mm/dd/yy"	指定显示日期的格式
defaultDate	Date String Number	null	首次打开显示的日期,可以用 Date 对象指定一个实际日期或指定距离今天的天数(如 +7)、字符串(y 表示年、m 表示月、w 表示周、d 表示天,如 "+1m+7d"),默认为 null,表示今天
duration	Number String	"normal"	日期选择器呈现的速度,可以为毫秒数

续表

属性	数据类型	默认值	说明
firstDay	Number	0	设置每周的第一天，0 表示星期日、1 表示星期一等
maxDate	Date Number String	null	可以选择的最大日期。null 表示无限制格式，见 defaultDate
minDate	Date Number String	null	可以选择的最小日期。null 表示无限制格式，见 defaultDate
numberOfMonths	Number Array	1	设置一次要显示几个月。可以为包含两个数字的数组，表示显示的行数和列数
selectOtherMonths	Boolean	false	是否可以选择非当前月的日期，showOtherMonths 的属性必须为 true
shortYearCutoff	String Number	"+10"	设置截止年份的值，若为数字（0~99）直接使用其值，若是字符串则转化为数字并与当前年份相加。当超过截止年份时，认为是上个世纪
showAnim	String	"show"	设置显示或隐藏的动画名
showButtonPanel	Boolean	false	是否显示按钮面板
showCurrentAtPos	Number	0	指定显示多月份时当前月份位于何处，从左上方 0 算起
showMonthAfterYear	Boolean	false	是否在标题中的年份后显示月份
showOn	String	"focus"	设置触发选择器的事件名称
showOtherMonths	Boolean	false	是否显示其他月份
stepMonths	Number	1	指定单击上月、下月链接时移动几个月
yearRange	String	c-10:c+10	设置下拉列表框中显示的年份范围，可以相对于今年（-nn:+nn）、相对于选择的年份（c-nn:c+nn）或是绝对年份（nnnn:nnnn）

实例方法：

1.日期选择器也有 disable、enable、destroy、option 方法。
2.$(selector).datepicker("isDisabled");　　　　// 是否被禁用
3.$(selector).datepicker("hide", [speed]);　　　// 关闭选择器，speed 为速度
4.$(selector).datepicker("show");　　　　　　// 调用先前的选择器
5.$(selector).datepicker("getDate");　　　　　// 获取选择器中的当前日期
6.$(selector).datepicker("setDate", date);
// 设置当前日期，可以为 02/26/2011 或 +1m+7d 等

全局方法：

1.$.datepicker.setDefaults(Options);　// 设置所有选择器的默认属性
2.$.datepicker.formatDate(format, date, setting);
// format 为字符串，日期格式；Date 为要显示的日期值；setting 为可选项，其值是对象。format 可以使用的组合：d 天数、dd 天数（2 位数字）、o 年中的天数、oo 年中的天数、D 日期短名称、DD 日期长名称、m 月份、mm 月份、M 月份短名称、MM 月份长名称、y 年份（2 位数字）、yy 年份（4 位数字）
3.@ 自 01/01/1970 以来的毫秒数
4.$.datepicker.parseDate(format, value, setting);
// value 为字符串，包含待提取的日期值，例如：var date =
5.$.datepicker.parseDate("yy 年 mm 月 dd 日 ", "2020 年 01 月 26 日 ");

事件：

beforeShowDay 事件：在选择器上的日期显示之前触发。

事件绑定：

```
$(selector).datepicker({
    beforeShowDay:function(date){
    }
});
```

（1）date：表示一个日期。
（2）该函数必须返回一个数组。
① [0]：true 或 false，表示是否可选。
② [1]：表示此日期的 CSS 类名，默认为 ""。
③ [2]：表示元素是此日期的一个弹出提示（可选）。

事件：

onChangeMonthYear 事件：在选择器移动到新的年份或月份上时触发。

事件绑定：

```
$(selector).datepicker({
    onChangeMonthYear:function(year, month, inst){
    }
});
```

（1）year：表示所选的年份。

（2）month：表示所选的月份（1~12）。

（3）inst：表示日期选择器，指向所关联的输入控件。

事件：

onClose 事件：在选择器关闭时触发。

事件绑定：

```
$(selector).datepicker({
    onClose:function(dateText, inst){
    }
});
```

（1）dateText：表示所选的日期，为文本字符串，如未选择，则为 ""。

（2）inst：表示日期选择器实例。

事件：

onSelect 事件：在选择一个日期时触发。

事件绑定：

```
$(selector).datepicker({
    onSelect:function(dateText, inst){
    }
});
// 参数同上
```

- **综合案例**

jQuery Code：

```
1.$(function() {
2.          $("#from").datepicker({
3.                    defaultDate: "+1w",
4.                    changeMonth: true,
5.                    numberOfMonths: 1,
6.                    onClose: function(selectedDate) {
7.                              $("#to").datepicker("option", "minDate", selectedDate);
8.                    }
```

```
9.            });
10.           $("#to").datepicker({
11.                   defaultDate: "+1w",
12.                   changeMonth: true,
13.                   numberOfMonths: 1,
14.                   onClose: function(selectedDate) {
15.                           $("#from").datepicker("option", "maxDate", selectedDate);
16.                   }
17.           });
18. });
```

HTML Code：

```
1.<label for="from"> 从 </label>
2.          <input type="text" id="from" name="from">
3.          <label for="to"> 到 </label>
4.          <input type="text" id="to" name="to">
```

运行结果：

9.3.11 Autocomplete 自动完成组件

属性：

属性	数据类型	默认值	说明
delay	Integer	300	在用户按键后，激活组件延迟的毫秒数
minLength	Integer	1	激活组件必须输入的最小字符数
source	String Array Function	none	指定的数据源必须设置此属性，可以是一个包含字符串的数组或包含对象的数组，每个对象应包含 label 和 value，若只包含一项，则被同时当作 label 和 value

source 属性：

若请求的资源位于同一个 Web 应用程序中，则应返回 JSON 数据，可以用 source 指定一个字符串 URL，例如：source: "search.asp"。

还能将 source 设置成一个回调函数：

source:function(request, response){

1.request：表示请求的对象，request.item 表示文本框中的值

2.response：表示响应的回调函数，并返回字符串的数组或对象的数组：

response(function(item){

return Array|Object

item：表示提供 item 属性进行筛选

});

}

方法：

1.自动完成组件也有 disable、enable、destroy、option 方法。

2.$(selector).autocomplete("search"[, value]);

// 当数据可用时，显示建议数据， value 为要搜索的数据，如果不指定该参数，则使用当前的输入值，如果提供一个字符串，且 minLength 为 0，则显示所有项

3.$(selector).autocomplete("close"); //关闭已打开的菜单

事件：

1.search 事件：类型为 autocompletesearch，在数据请求前触发，若函数返回 false 则取消请求，不显示建议条目。

2.open 事件：类型为 autocompleteopen，在显示之前触发。

3.focus 事件：类型为 autocompletefocus，在焦点移至一个条目之前触发，此时 ui.item 指向获得焦点的条目，此事件的默认操作是将文本框的字段替换成获得焦点的条目的值。

4.select 事件：类型为 autocompleteselect，在选择条目时触发，此时 ui.item 指向所选项，item 表示具有 label 和 value 属性的对象，此事件的默认操作是将文本框的字段替换成选中的条目的值。

5.close 事件：类型为 autocompleteclose，在隐藏菜单时触发。

6.change 事件：类型为 autocompletechange，在 close 事件之后触发。

事件绑定：

```
$(selector).autocomplete({
    eventName:function(event, ui){
    }
});
```

1.event：事件对象。

2.ui：包含附件信息的对象。

- **综合案例**

jQuery Code：

```
1. <script>
2. $(function() {
3.   var availableTags = [
4.     "ActionScript",
5.     "AppleScript",
6.     "ASP",
7.     "BASIC",
8.     "Erlang",
9.     "Fortran",
10.   "Haskell",
11.   "Java",
12.    "JavaScript",
13.    "Scala"
14.   ];
15.   $( "#tags" ).autocomplete({
16.     source: availableTags
17.   });
18. });
19. </script>
```

HTML Code：

```
1.<div class="ui-widget">
2. <label for="tags"> 标签：</label>
3. <input id="tags">
4.</div>
```

运行结果：

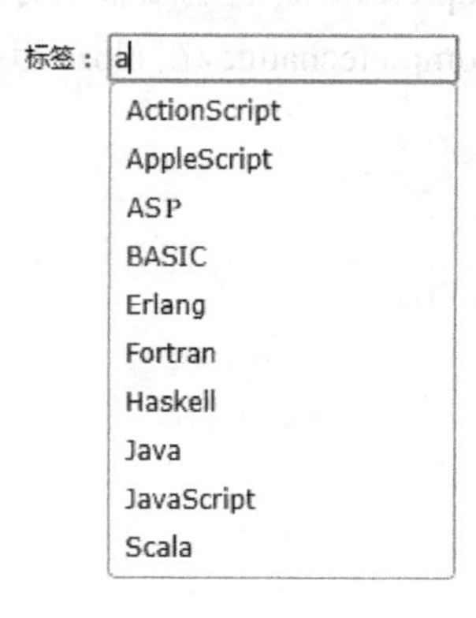

9.3.12 Progressbar 进度条组件

在页面上创建相应的 HTML 元素（如 <div>）然后用构造函数初始化。

CSS 样式：

ui-progressbar：进度条容器的样式；

ui-progressbar-value：进度条的样式。

方法：

```
1. 进度条组件也有 disable、enable、destroy、option 方法。
2.$(selector).progressbar([{value:number}]);  // 构造函数
3.$(selector).progressbar("value"[, value]);      // 获取 / 设置进度条的值
```

事件：

```
change 事件：在进度条的值发生变化时触发。
```

事件绑定：

```
$(selector).progressbar({
    change:function(event, ui){
    }
});
```

（1）event：事件对象。

（2）ui：进度条对象。

● **综合案例**

jQuery Code：

```
1.function() {
2.  var progressbar = $("#progressbar"),
3.  progressLabel = $(".progress-label");
4.  progressbar.progressbar({
5.          value: false,
6.          change: function() {
7.                  progressLabel.text(progressbar.progressbar("value") + "%");
8.          },
9.          complete: function() {
10.                 progressLabel.text(" 完成！ ");
11.         }
12. });
```

```
13. function progress() {
14.         var val = progressbar.progressbar("value") || 0;
15.         progressbar.progressbar("value", val + 1);
16.         if(val < 99) {
17.                 setTimeout(progress, 100);
18.         }
19. }
20.setTimeout(progress, 3000);
21.});
```

HTML Code：

```
<div id="progressbar"><div class="progress-label"> 加载 ...</div></div>
```

运行结果：

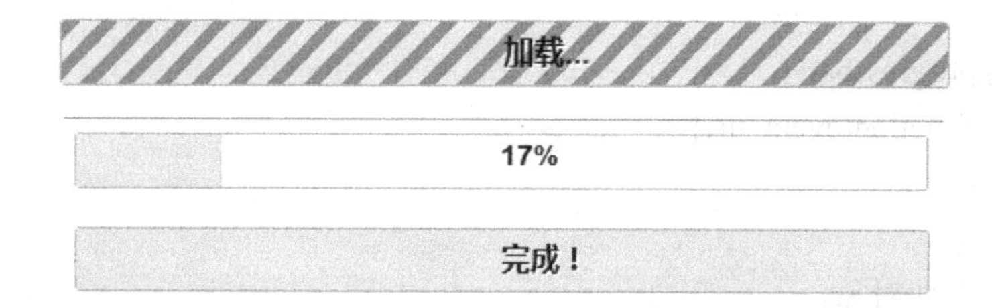

9.3.13 Slider 滑块组件

在页面上创建相应的 HTML 元素（如 <div>），再用构造方法包装该元素。

CSS 样式：

ui-slider-horizontal：滑块轨道；

ui-slider-handle：滑块手柄；

ui-slider-range：滑块范围。

属性：

属性	数据类型	默认值	说明
animate	Boolean String Number	false	是否添加动画效果，可接受 "slow""normal""fast" 或毫秒数
max	Number	100	设置滑块的最大值
min	Number	0	设置滑块的最小值
orientation	String	"horizon-tal"	设置滑块的方向，"horizontal" "vertical" 分别表示横向和纵向

续表

属性	数据类型	默认值	说明
range	Boolean String	false	是否存在两个拖动手柄
step	Number	1	设置步长，必须能被范围大小整除
value	Number	0	若只有一个手柄，指定其值；若有两个手柄，指定第一个手柄的值
values	Array	null	用于指定多个手柄，若 range 为 true，则 values 的长度应该为 2

方法：

```
1. 滑块组件也有 disable、enable、destroy、option 方法。
2.$(selector).slider("value"[, value]);            // 获取 / 设定单手柄滑块的值
3.$(selector).slider("values", index[, value]);    // 获取 / 设定多手柄滑块的值
```

事件：

```
1.start 事件：类型为 slidestart，在开始滑动时触发。
2.slide 事件：类型为 slide，在拖动滑块时触发。
3.change 事件：类型为 slidechange，在停止滑动或使用编程方法改变值时触发。
4.stop 事件：类型为 slidestop，在停止滑动时触发。
```

事件绑定：

```
$(selector).slider({
    eventName:function(event, ui){
    }
});
```

（1）event：事件对象。

（2）ui：封装了属性的对象，具有如下属性。

① value：获取当前手柄的值（单手柄）。

② value[0]：获取当前手柄的值（多手柄）。

● **综合案例**

jQuery Code：

```
1. <script>
2. $(function() {
3.   $( "#slider-range-min" ).slider({
4.     range: "min",
5.     value: 37,
```

```
6.     min: 1,
7.     max: 700,
8.     slide: function( event, ui ) {
9.       $( "#amount" ).val( "$" + ui.value );
10.    }
11.  });
12.  $( "#amount" ).val( "$" + $( "#slider-range-min" ).slider( "value" ) );
13. });
14. </script>
```

HTML Code：

```
1.<p>
2. <label for="amount"> 最大价格：</label>
3. <input type="text" id="amount" style="border:0; color:#f6931f; font-weight:bold;">
4.</p>
5. <div id="slider-range-min"></div>
```

运行结果：

最大价格：$246

小结

本章介绍了 13 个基本 jQuery UI 组件。当然，jQuery UI 不只包含这些组件，其他 UI 组件的使用也差不多，详尽的使用及设置方法可以在官方的文档及 Demo 中找到。

因为 jQuery 已经非常流行了，如果再结合 jQuery UI，将在更大程度上减轻程序员的负担。在享受便利的同时，我们应该感谢那些为 jQuery 及 UI 作出贡献的同行，同时尽自己的一份力量来丰富扩展 jQuery 的插件及 UI 库。

经典面试题

1. jQuery UI 免费吗？
2. 什么是 jQuery UI?

3. jQuery UI 组件库中有哪些组件？
4. jQuery EasyUI 和 jQuery UI 的区别是什么？
5. jQuery 从哪个版本开始支持 jQuery UI？
6. 如何将 jQuery UI dialog 中的 button 设置为 disable？
7. jquery-ui.min.js 是什么？
8. 怎样让 jQuery UI 的 tabs 选项卡中的某一个被默认选中？
9. 如何判断 jQuery UI tabs 已经存在？
10. 你还知道哪些类似于 jQuery UI、Bootstrap 的 UI 框架？

跟我上机

1. 使用 jQuery UI 的模式窗口完成下图中的功能。
说明：点击“确定”按钮判断用户输入的是否正确即可。

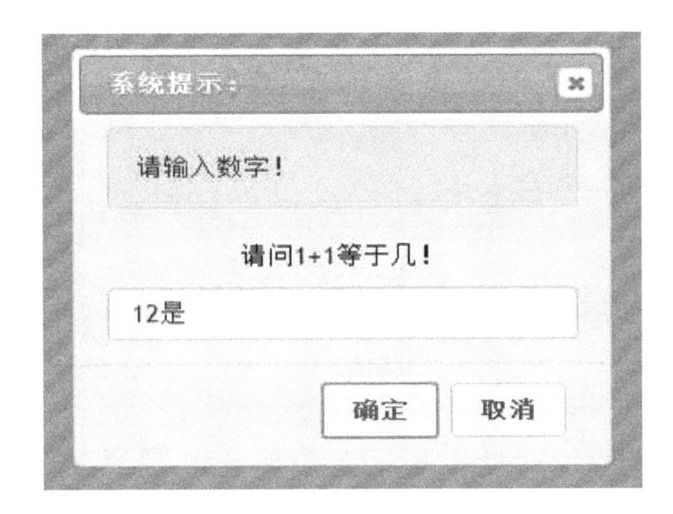

2. 使用 jQuery 组件完成如下流程页面导航效果。

3. 使用 jQuery UI 制作如下标准后台页面演示系统界面效果。

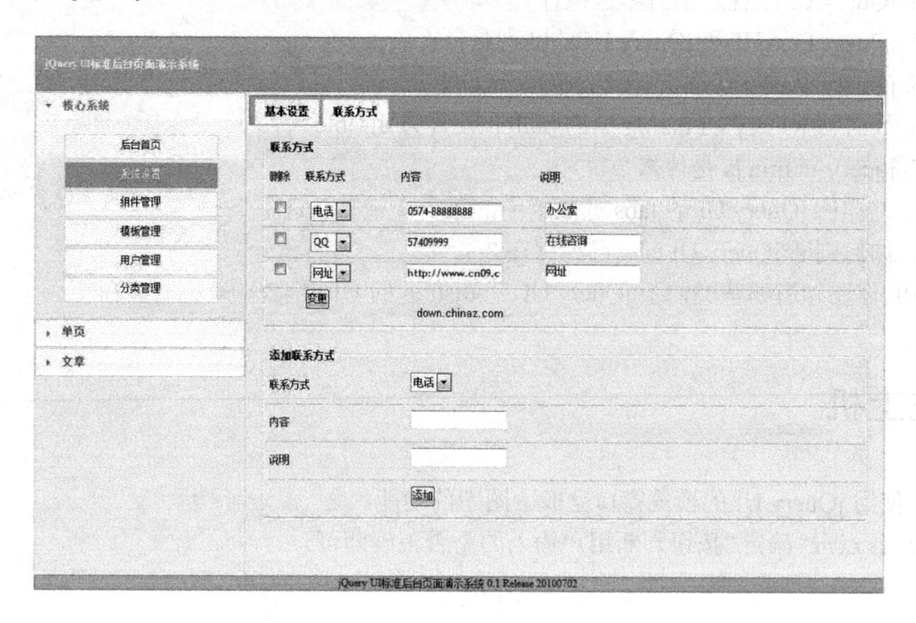

第 2 篇　Bootstrap 框架

Bootstrap

简洁、直观、强悍的前端开发框架，让Web开发更迅速、简单。

在开始学习 Bootstrap 框架之前，应该对以下知识有基本的了解：

- ☐ HTML4/HTML5
- ☐ CSS2/CSS3
- ☐ JavaScript
- ☐ jQuery 框架、AngularJS 框架

内容概述：

Bootstrap 是目前最流行的前端开发框架。在现代 Web 开发中，几乎所有 Web 项目都需要样式和组件。Bootstrap 提供了基本模块：Grid、Typography、Tables、Forms、Buttons 和 Responsiveness。还有大量有用的前端组件：Dropdowns、Navigation、Modals、Typehead、Pagination、Carousal、Breadcrumb、Tab、Thumbnails、Headers 等。

有了这些，便可以搭建 Web 项目，并让它运行得更快速、更轻松。

第 10 章　Bootstrap 入门

Bootstrap

本章要点（掌握了在方框里打钩）：

- □ 了解 Bootstrap 框架
- □ 了解 Bootstrap 的优势和特点
- □ 熟练掌握 Bootstrap 的栅格化布局
- □ 掌握门户网站的基本布局

Bootstrap 是最受欢迎的 HTML、CSS 和 JS 框架，用于开发响应式布局、移动设备优先的 Web 项目。它提供了一系列全局 CSS 样式、组件、JS 插件等，支持栅格、响应式、CSS 预编译等。使用 Bootstrap 自带的样式类可以搭建出简洁、清新的网站或软件界面。

10.1 Bootstrap 框架介绍

Bootstrap 来自 Twitter，是目前很受欢迎的前端框架。Bootstrap 基于 HTML、CSS、JavaScript，它简洁、灵活，使得 Web 开发更加快捷。它由 Twitter 的设计师 Mark Otto 和 Jacob Thornton 合作开发，是一个 CSS/HTML 框架。Bootstrap 提供了优雅的 HTML 和 CSS 规范，是由动态 CSS 语言 Less 写成的。Bootstrap 一经推出后颇受欢迎，一直是 GitHub 上的热门开源项目，包括 NASA（美国国家航空航天局）和 MSNBC（微软全国广播公司）的 Breaking News 都使用了该项目。国内一些移动开发者较熟悉的框架，如 WeX5 前端开源框架等，也是基于 Bootstrap 源码进行性能优化而来的。

10.1.1 Bootstrap 框架的下载

打开 Bootstrap 中文网（http://www.bootcss.com），选择用于生产环境的 Bootstrap 框架下载，下载界面如下图所示：

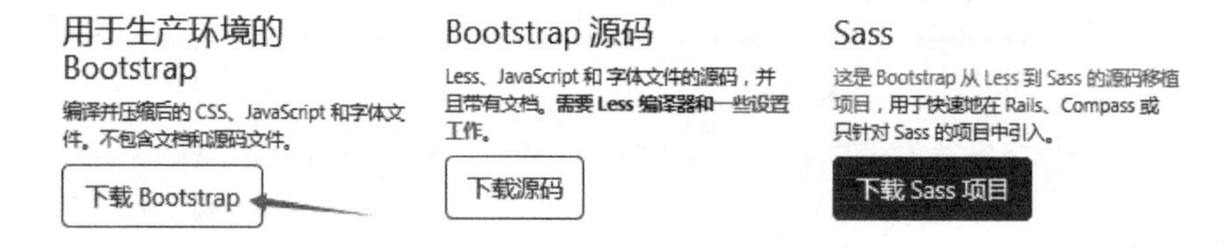

注意：下载的压缩包为 bootstrap-3.3.7-dist.zip。

10.1.2 Bootstrap 框架的使用

（1）将 Bootstrap 的样式文件引入网页。

```
<link rel="stylesheet" href="css/bootstrap.min.css" media="screen">
```

（2）将 JS 文件引入网页，由于 JS 一般依赖于 jQuery 库，所以要引入 jQuery 库。

```
<script src="js/jquery.js"></script>
<script stc="js/bootstrap.min.js"></script>
```

（3）viewport 的标签可以修改大部分移动设备的显示，以确保适当绘制和触屏缩放。

```
<meta name="viewport" content="width=device-width,initial-scale=1.0">
```

专家讲解

（1）width=device-width：表示页面宽度是设备屏幕的宽度，以确保网页被不同屏幕分辨率的设备正确呈现；

（2）user-scalable=no：是否可以调整缩放比例（yes/no）；

（3）initial-scale=1.0：表示初始缩放比例，以 1∶1 的比例呈现，没有任何缩放；

（4）minimum-scale=0.5：允许的最小缩放比例；

（5）maximum-scale=2.0：允许的最大缩放比例。

如果 maximum-scale=1.0 与 user-scalable=no 一起使用，禁用缩放功能后用户就只能滚动屏幕，这样能让网站看上去更像原生应用。

图片或元素设置 style="width:100%"，看起来也是全屏的。

（4）使用 HTML5 新的标签，IE9 以下的浏览器并不支持这些标签，修复这个问题引用如下：

```
1.  <!--[if lt IE 9]>
2.  <script src="js/html5shiv.js"></script>
3.  <script src="js/respond.min.js"></script>
4.<![endif]-->
```

如果用户的 IE 浏览器版本低于 IE9，就会加载这两个 JS 文件库（需要单独下载），然后就可以使用这些新的标签，并且可以在这些标签上添加样式。

- **综合案例**

```
1.<!DOCTYPE html>
2.<html lang="zh">
3.  <head>
4.          <meta charset="UTF-8">
5.          <link rel="stylesheet" href="css/bootstrap.min.css" media="screen">
6.          <script src="js/jquery-3.2.1.min.js"></script>
7.          <script stc="js/bootstrap.min.js"></script>
8.  </head>
9.  <body>
```

```
10.         <h1>Hello,World!</h1>
11. </body>
12.</html>
```

10.1.3 Bootstrap 框架的特点

（1）移动设备优先：将针对移动的特性放在了首位。

（2）浏览器支持：所有主流浏览器都支持 Bootstrap。

（3）容易上手：只要具备 HTML 和 CSS 的基础知识，就可以开始学习 Bootstrap。

（4）响应式设计：Bootstrap 的响应式 CSS 能够自适应于台式机、平板电脑和手机。

（5）它包含了功能强大的内置组件，易于定制。

10.2 Bootstrap 的栅格化布局

10.2.1 什么是栅格化布局

Bootstrap 内置了一套响应式、移动设备优先的流式栅格系统，随着屏幕设备或视口（viewport）尺寸的增大，系统会自动分为最多 12 列。

把 Bootstrap 中的栅格系统叫作布局，它通过一系列行（row）与列（column）的组合创建页面布局，然后内容就可以放入创建好的布局当中了。

栅格系统的实现原理非常简单，仅仅通过定义容器大小平分 12 份（也有平分成 24 份或 32 份的，但 12 份是最常见的），再调整内外边距，最后结合媒体查询制作出强大的响应式栅格系统。Bootstrap 框架中的栅格系统就是将容器平分成 12 份。下图所示为栅格参数。

	超小屏幕 手机 (<768px)	小屏幕 平板电脑（≥ 768px）	中等屏幕 桌面显示器 (≥992px)	大屏幕 大桌面显示器 (≥1200px)
栅格系统行为	总是水平排列	开始时是堆叠在一起的，大于阈值时将变为水平排列 C		
.container 最大宽度	None（自动）	750px	970px	1170px
类前缀	.col-xs-	.col-sm-	.col-md-	.col-lg-
列（column）数	12			
最大列（column）宽	自动	~62px	~81px	~97px
槽（gutter）宽	30px（每列左右均有 15px）			
可嵌套	是			
偏移（Offset）	是			
列排序	是			

10.2.2 开始栅格化布局

Bootstrap 使用了 HTML5 元素，所以 HTML 头部要加上：

```
<!DOCTYPE html>
<html>
...
</html>
```

10.2.2.1 创建一个容器

要先创建一个容器来存放内容，这个容器的名字叫作 containner 类，是固定宽度和响应式布局的容器，如：

```
<div class="container"> ...
</div>
```

如果要占据 100% 的宽度，则使用 .container-fluid 类，如：

```
<div class="container-fluid"> ...
</div>
```

10.2.2.2 创建合适的栅格系统

栅格系统会根据屏幕和视口的尺寸将一行分为最多 12 列，通过预设的栅格类表示需要占多少个列宽。比如，可以使用 3 个 .col-xs-4 将页面容器三等分；可以使用 1 个 .col-xs-3 和 1 个 .col-xs-9 对页面容器进行 3∶9 的分割：

```
1.<div class="container">
2.      <div class="row">
3.            <div class="col-md-8">.col-md-8</div>
4.            <div class="col-md-4">.col-md-4</div>
5.      </div>
6.      <div class="row">
7.            <div class="col-md-4">.col-md-4</div>
8.            <div class="col-md-4">.col-md-4</div>
9.            <div class="col-md-4">.col-md-4</div>
10.     </div>
11.     <div class="row">
12.           <div class="col-md-6">.col-md-6</div>
13.           <div class="col-md-6">.col-md-6</div>
14.     </div>
15.</div>
```

运行结果：

.col-md-8		.col-md-4
.col-md-4	.col-md-4	.col-md-4
.col-md-6	.col-md-6	

除了指定宽度，还可以通过指定 .col-md-offset-* 等进行偏移。

知道了大致如何布局，如何进行移动适配呢？

专家讲解

通过上面的例子可以看到，创建合适的栅格系统可以采用 .col-xs-* 和 .col-md-* 等，xs、md 对应的是不同的显示设备。比如：

（1）.col-xs-*：超小屏幕手机（<768px）；

（2）.col-sm-*：小屏幕平板电脑（≥ 768px）；

（3）.col-md-*：中等屏幕桌面显示器（≥ 992px）；

（4）.col-lg-*：大屏幕大桌面显示器（≥ 1200px）。

通过给 div 定义多个 col-xx-* 的组合可以达到在不同的移动设备进行布局适配的目的。

实例：能够在手机、平板电脑、桌面系统上自适应。

```
1. <div class="row">
2.         <div class="col-xs-12 col-sm-6 col-md-8">.col-xs-12 .col-sm-6 .col-md-8
</div>
3.         <div class="col-xs-6 col-md-4">.col-xs-6 .col-md-4</div>
4. </div>
5. <div class="row">
6.         <div class="col-xs-6 col-sm-4">.col-xs-6 .col-sm-4</div>
7.         <div class="col-xs-6 col-sm-4">.col-xs-6 .col-sm-4</div>
8.         <div class="clearfix visible-xs-block"></div>
9.         <div class="col-xs-6 col-sm-4">.col-xs-6 .col-sm-4</div>
10. </div>
```

运行结果：

.col-xs-12 .col-sm-6 .col-md-8		.col-xs-6 .col-md-4
.col-xs-6 .col-sm-4	.col-xs-6 .col-sm-4	.col-xs-6 .col-sm-4

10.2.2.3 进行列的嵌套

为了使用内置的栅格系统将内容再次嵌套，可以添加一个新的 .row 元素和一系列 .col-sm-* 元素到已经存在的 .col-sm-* 元素内。被嵌套的行所包含的列的个数不能超过 12（不要求必须占满 12 列）。

```
1.<div class="row">
2.        <div class="col-sm-9">
3.                Level 1: .col-sm-9
4.                <div class="row">
5.                        <div class="col-xs-8 col-sm-6">
6.                                Level 2: .col-xs-8 .col-sm-6
7.                        </div>
8.                        <div class="col-xs-4 col-sm-6">
9.                                Level 2: .col-xs-4 .col-sm-6
10.                       </div>
11.               </div>
12.       </div>
13. </div>
```

运行结果：

Level 1: .col-sm-9

Level 2: .col-xs-8 .col-sm-6	Level 2: .col-xs-4 .col-sm-6

10.2.2.4 列偏移

有时候我们不希望相邻的 2 列紧靠在一起，但又不想使用 margin 或者其他技术手段。这时候就可以使用列偏移（offset）功能来实现，只需要给列元素添加类名 "col-md-offset-*"（其中 * 代表要偏移的列组合数），具有这个类名的列就会向右偏移。例如，给列元素添加 "col-md-offset-4"，表示该列向右移动 4 列的宽度。

```
1.<div class="row">
2.                <div class="col-md-4">.col-md-4</div>
3.                <div  class="col-md-4  col-md-offset-4">.col-md-4  .col-md-offset-4
</div>
4. </div>
5.        <div class="row">
6.                <div  class="col-md-3  col-md-offset-3">.col-md-3  .col-md-offset-3
</div>
7.                <div  class="col-md-3  col-md-offset-3">.col-md-3  .col-md-offset-3
</div>
```

```
8.          </div>
9.          <div class="row">
10.                 <div class="col-md-6 col-md-offset-3">.col-md-6 .col-md-offset-3
</div>
11.         </div>
```

运行结果：

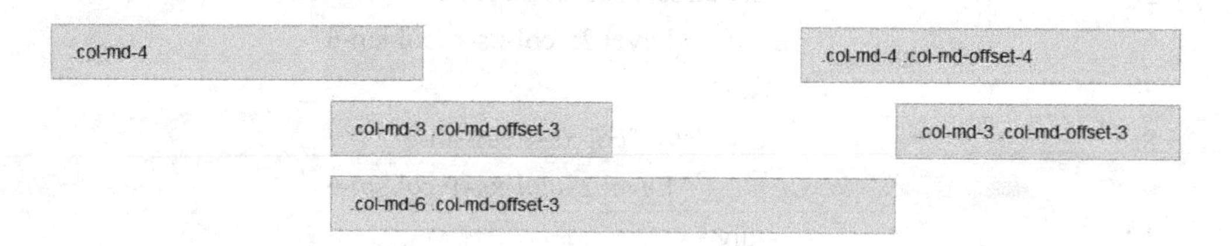

10.2.2.5 列排序

通过使用 .col-md-push-* 和 .col-md-pull-* 类可以很容易地改变列的顺序：

```
1. <div class="row">
2.          <div class="col-md-9 col-md-push-3">.col-md-9 .col-md-push-3</div>
3.          <div class="col-md-3 col-md-pull-9">.col-md-3 .col-md-pull-9</div>
4. </div>
```

运行结果：

.col-md-3 .col-md-pull-9 .col-md-9 .col-md-push-3

10.2.2.6 流动布局

创建一个流动两栏页面，代码 <div class="container-fluid"> 非常适合用在应用程序和文档中。

```
1.<div class="container-fluid">
2. <div class="row-fluid">
3.   <div class="span2">
4.     <!-- 边栏内容 -->
5.   </div>
6.   <div class="span10">
7.     <!-- 主体内容 -->
8.   </div>
9. </div>
10.</div>
```

运行结果：

10.3 综合案例——门户网站的基本布局

```
1.<!DOCTYPE html>
2.<html lang="zh">
3.  <head>
4.          <meta charset="UTF-8">
5.          <meta name="viewport" content="width=device-width,initial-scale=1.0">
6.          <link   rel="stylesheet"   href="bootstrap/css/bootstrap.min.css"   media=
"screen">
7.          <script src="js/jquery-3.2.1.min.js"></script>
8.          <script src="bootstrap/js/bootstrap.min.js"></script>
9.  </head>
10. <body>
11.         <div class="container">
12.                 <h1> 融创软通门户网站 </h1>
13.                 <nav class="navbar navbar-inverse">
14.                         <div class="navbar-header">
15.                                 <button  type="button"  class="navbar-toggle  col-
lapsed" data-toggle="collapse" data-target="#navbar-menu" aria-expanded="false">
16.        <span class="sr-only">Toggle navigation</span>
17.        <span class="icon-bar"></span>
18.        <span class="icon-bar"></span>
19.        <span class="icon-bar"></span>
20.            </button>
21.                                 <a class="navbar-brand" href="#"> 导航 </a>
```

```
22.                              </div>
23.                              <div id="navbar-menu" class="collapse navbar-collapse">
24.                                  <ul class="nav navbar-nav">
25.                                      <li class="active">
26.                                          <a href="#"> 首页 </a>
27.                                      </li>
28.                                      <li>
29.                                          <a href="#"> 公司介绍 </a>
30.                                      </li>
31.                                      <li>
32.                                          <a href="#"> 项目能力 </a>
33.                                      </li>
34.                                      <li>
35.                                          <a href="#"> 组织结构 </a>
36.                                      </li>
37.                                      <li>
38.                                          <a href="#"> 获得奖项 </a>
39.                                      </li>
40.                                  </ul>
41.                              </div>
42.                          </nav>
43.
44.                          <div id="content" class="row-fluid">
45.                              <div class="col-md-9">
46.                                  <h2> 公司介绍 </h2>
47.                              <small>     天津融创软通 2015
年成立。 服务范围包括：IT 咨询及解决方案服务、应用开发及维护、软件产品工程、业务
流程外包（BPO）服务、IT 培训等。在金融、保险、电信、高科技、能源 / 公用事业等领域，具
有深厚的行业积累和强大的技术服务能力。融创软通总部设在天津。目前，全国共有超
过 200 名员工在为客户提供最好的质量、交付、价值和技术。融创软通当前服务的主要客
户有华为、上海电信、爱立信、波音、花旗银行、国信新创、中国石油、中国人寿、SalesForce、
Zensar 等著名企业和跨国公司。</small>
48.                              </div>
49.                              <div class="col-md-3">
50.                                  <h2> 导航菜单 </h2>
51.                                  <ul class="nav nav-tabs nav-stacked">
52.                                      <li>
```

```
53.                                              <a href='#'> 公司介绍 </a>
54.                                      </li>
55.                                      <li>
56.                                              <a href='#'> 业务范围 </a>
57.                                      </li>
58.                                      <li>
59.                                              <a href='#'> 项目能力 </a>
60.                                      </li>
61.                                      <li>
62.                                              <a href='#'> 组织结构 </a>
63.                                      </li>
64.                                      <li>
65.                                              <a href='#'> 获得奖项 </a>
66.                                      </li>
67.                              </ul>
68.                      </div>
69.              </div>
70.      </div>
71.      <div class="navbar-fixed-bottom text-center">
72.              &copy; 2017-2018 Powered By 融创软通
73.      </div>
74.      </div>
75. </body>
76.</html>
```

运行结果：

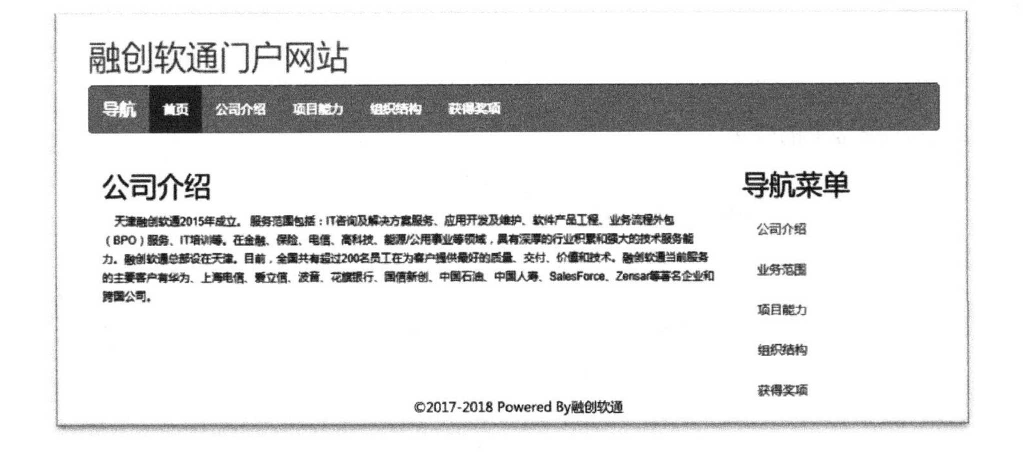

小结

Bootstrap 是 Twitter 推出的一个简单、灵活的，基于 HTML5 和 CSS3 的用于搭建 Web 前端页面的 HTML、CSS、JavaScript 工具集。其具有友好的学习曲线、卓越的兼容性、响应式设计、12 列格网、样式向导文档、自定义 jQuery 插件、完整的类库、基于 Less 等特点。Bootstrap 让 Web 开发更迅速、更简单。

栅格化布局是重点，是使用 Bootstrap 布局的基础，一定要多加练习，才能在开发中得心应手。

经典面试题

1. 解释一下什么是 Bootstrap。
2. Bootstrap 的最新版本号是多少？
3. Bootstrap 是免费的吗？
4. Bootstrap 栅格化需要引用哪个 CSS？
5. Bootstrap 的栅格化布局有什么优势？
6. 如何理解 Bootstrap 的栅格系统？
7. Bootstrap 栅格系统的 col-xs-* 可以写成超过 12 列吗？
8. Bootstrap 中 container 类和 container-fluid 类的区别是什么？
9. Bootstrap 栅格系统的 div 高度怎样设定？
10. Bootstrap 栅格怎样往左移动？

跟我上机

1. 使用栅格化布局设计如下页面，使之在移动设备和桌面屏幕上显示。

（1）在小屏幕上的效果：

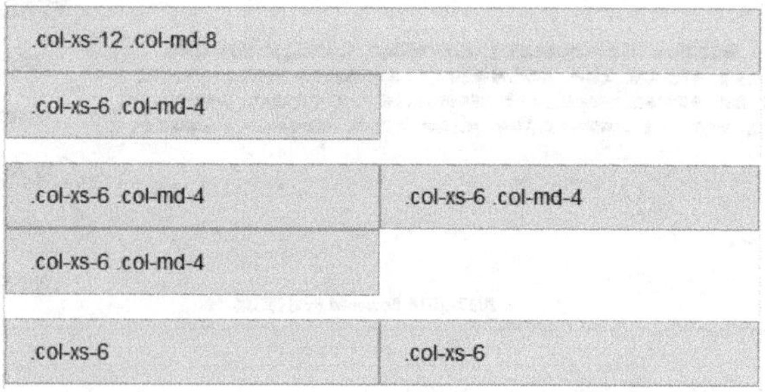

.col-xs-12 .col-md-8
.col-xs-6 .col-md-4
.col-xs-6 .col-md-4
.col-xs-6 .col-md-4
.col-xs-6 .col-md-4
.col-xs-6
.col-xs-6

（2）在大屏幕上的效果：

.col-xs-12 .col-md-8		.col-xs-6 .col-md-4
.col-xs-6 .col-md-4	.col-xs-6 .col-md-4	.col-xs-6 .col-md-4
.col-xs-6	.col-xs-6	

2. 设计一个个人主页。
3. 设计一个门户网站的首页。

第 11 章　Bootstrap 页面排版样式

Bootstrap

本章要点(掌握了在方框里打钩):

- □ 掌握页面排版样式的使用
- □ 掌握按钮样式的使用
- □ 掌握图片样式的使用
- □ 掌握表单样式的使用
- □ 掌握表格样式的使用
- □ 掌握辅助类在项目中的应用

11.1 页面排版样式

Bootstrap 提供了一些常规设计好的页面排版样式供开发者使用。

11.1.1 页面主体

Bootstrap 将全局 font-size 设置为 14px；line-height 设置为 1.428（即 20px）；<p> 段落元素设置为 1/2 行高（即 10px）；颜色设置为 #333。

```
1.// 创建包含段落突出的文本
2.        <p>Bootstrap 框架 </p>
3.        <p class="lead">Bootstrap 框架 </p>
4.        <p>Bootstrap 框架 </p>
5.        <p>Bootstrap 框架 </p>
6.        <p>Bootstrap 框架 </p>
```

11.1.2 标题

Bootstrap 分别对 h1 ~ h6 进行了 CSS 样式的重构，并且支持普通内联元素定义 class=(h1 ~ h6) 来实现相同的功能。

```
<span class="h1">Bootstrap</span>        // 内联元素使用标题字体
```

专家提醒

通过查看页面元素可以看到，字体、颜色、样式、行高均被固定了，从而保证了统一性，而原生的样式会根据系统内置的首选字体确定，颜色是最黑色。

```
1.// 在标题元素内插入 small 元素
2.        <h1>Bootstrap 框架 <small>Bootstrap 小标题 </small></h1>
3.        <h2>Bootstrap 框架 <small>Bootstrap 小标题 </small></h2>
4.        <h3>Bootstrap 框架 <small>Bootstrap 小标题 </small></h3>
5.        <h4>Bootstrap 框架 <small>Bootstrap 小标题 </small></h4>
6.        <h5>Bootstrap 框架 <small>Bootstrap 小标题 </small></h5>
```

运行结果：

Bootstrap 框架 Bootstrap 小标题

Bootstrap 框架 Bootstrap 小标题

Bootstrap 框架 Bootstrap 小标题

Bootstrap 框架 Bootstrap 小标题

Bootstrap 框架 Bootstrap 小标题

下表所示为 h1~h6 的定义规则：

元素	文字大小	计算比例	其他
h1	36px	14px×2.60	margin-top:20px; margin-bottom:10px;
h2	30px	14px×2.15	
h3	24px	14px×1.70	margin-top:10px; margin-bottom:10px;
h4	18px	14px×1.25	
h5	14px	14px×1.00	
h6	12px	14px×0.85	

11.1.3 内联文本元素

```
1. // 添加标记、<mark> 元素或 .mark 类
2.  <p>Bootstrap<mark> 框架 </mark></p>
3.
4. // 各种加线条的文本
5. <del>Bootstrap 框架 </del>// 删除的文本 <br />
6. <s>Bootstrap 框架 </s>// 无用的文本 <br />
7. <ins>Bootstrap 框架 </ins>// 插入的文本 <br />
8. <u>Bootstrap 框架 </u>// 效果同上，加下画线的文本 // 各种强调的文本 <br />
9. <small>Bootstrap 框架 </small>// 标准字号的 85%<br />
10. <strong>Bootstrap 框架 </strong>// 加粗 700<br />
11. <em>Bootstrap 框架 </em>// 倾斜 <br />
```

运行结果：

//添加标记、元素或.mark 类
Bootstrap框架

//各种加线条的文本 ~~Bootstrap 框架~~//删除的文本
~~Bootstrap 框架~~//无用的文本
Bootstrap 框架//插入的文本
Bootstrap 框架//效果同上，加下画线的文本 // 各种强调的文本
Bootstrap 框架//标准字号的 85%
Bootstrap 框架//加粗 700
Bootstrap 框架//倾斜

11.1.4 设置文本对齐

```
1.// 设置文本对齐
```

```
2. <p class="text-left">Bootstrap 框架 </p>// 居左
3. <p class="text-center">Bootstrap 框架 </p>// 居中
4. <p class="text-right">Bootstrap 框架 </p>// 居右
5. <p class="text-justify">Bootstrap 框架 </p>// 两端对齐，支持度不佳
6. <p class="text-nowrap">Bootstrap 框架 </p>// 不换行
```

11.1.5 设置英文大小写

```
1.<p class="text-lowercase">Bootstrap 框架 </p> // 小写
2.<p class="text-uppercase">Bootstrap 框架 </p> // 大写
3.<p class="text-capitalize">Bootstrap 框架 </p>// 首字母大写
```

11.1.6 缩略语

```
1.// 缩略语 Bootstrap
2.<abbr title=" 天津市融创软通科技有限公司 " class="initialism"> 融创软通 </abbr>
```

运行结果：

11.1.7 文本语气

常用的 <em> 和 <strong> 都表示强调语气，<strong> 比 <em> 语气更强。

<b> 也表示强调的意思，但在 HTML5 中 <b> 只表示单词或短句。

```
1. // 设置地址，增加了图标，去掉了倾斜，设置了行高，底部 20px
2.          <address>
3.          <span class="glyphicon glyphicon-home"></span><strong> 天津市融创软通
科技有限公司 </strong><br>
4.          <span class="glyphicon glyphicon-asterisk"></span> 天津市西青区中北镇中
北天软创业学院 307 室 <br />
5.          <span class="glyphicon glyphicon-headphone"></span><abbr title=" 办公电
话 ">Tel: 022-58686095</abbr>
6. </address>
```

运行结果：

// 设置地址，增加了图标，去掉了倾斜，设置了行高，底部 20px

天津市融创软通科技有限公司

天津市西青区中北镇中北天软创业学院307室

Tel: 022-58686095

11.1.8 引用文本

长引用标记为 <blockquote>，Bootstrap 提供了 class="pull-right"。

```
1.  // 默认样式引用，增加了做边线，设定了字体、大小和内外边距
2.  <blockquote>
3.              Bootstrap 框架 <br /> 融创软通
4.  </blockquote><br />
5.  // 反向
6.  <blockquote class="blockquote-reverse">
7.              Bootstrap 框架 <br /> 融创软通
8.  </blockquote><br />
9.  // 右对齐
10. <blockquote class="pull-right">
11.             Bootstrap 框架 <br /> 融创软通
12. </blockquote><br />
```

运行结果：

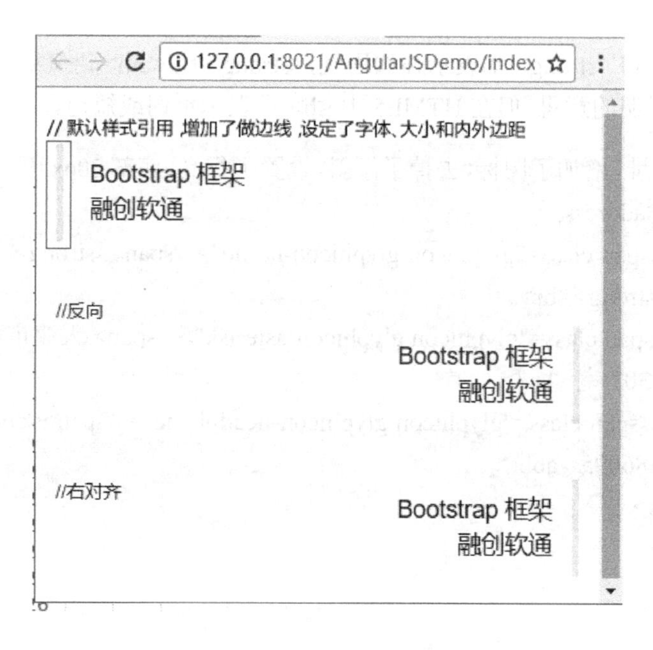

11.1.9 列表排版

```
1. // 移出默认样式
2. <ul class="list-unstyled">
3.           <li>Bootstrap 框架 </li>
4.           <li>Bootstrap 框架 </li>
5.           <li>Bootstrap 框架 </li>
6.           <li>Bootstrap 框架 </li>
7.           <li>Bootstrap 框架 </li>
8. </ul>
9. // 设置成内联
10. <ul class="list-inline">
11.          <li>Bootstrap 框架 </li>
12.          <li>Bootstrap 框架 </li>
13.          <li>Bootstrap 框架 </li>
14.          <li>Bootstrap 框架 </li>
15.          <li>Bootstrap 框架 </li>
16. </ul>
17. // 水平排列描述列表
18. <dl class="dl-horizontal">
19.          <dt>Bootstrap</dt>
20.          <dd>Bootstrap 提供了一些常规设计好的页面排版样式供开发者使用。
</dd>
21. </dl>
```

提示：请自行尝试 class="unstyled"。

运行结果：

//移出默认样式
Bootstrap 框架
Bootstrap 框架
Bootstrap 框架
Bootstrap 框架
Bootstrap 框架

//设置成内联
Bootstrap 框架　Bootstrap 框架　Bootstrap 框架　Bootstrap 框架　Bootstrap 框架

//水平排列描述列表
Bootstrap　Bootstrap 提供了一些常规设计好的页面排版样式供开发者使用。

11.1.10 代码

Bootstrap 允许以两种方式显示代码：

（1）第一种是 <code> 标签，如果想内联显示代码，应该使用 <code> 标签；

（2）第二种是 <pre> 标签，如果代码需要被显示为一个独立的块元素或者代码有多行，应该使用 <pre> 标签。

更多标记：

元素 / 类	描述
<var>	变量赋值：$x = ab + y$
<kbd>	按键提示：Ctrl+P
<pre>	多行代码
<pre class="pre-scrollable">	多行代码带有滚动条
<samp>	计算机程序输出：Sample output
<code>	同一行代码片段：span，div

- **综合案例**

```
1. // 内联代码
2. <code>Bootstrap</code> <br />
3. // 快捷键：<kbd>ctrl + ,</kbd> <br />
4. // 代码块
5. <pre><p> 请输入您的个人信息 </p></pre>
```

运行结果：

//内联代码 Bootstrap
//快捷键：ctrl + ,
//代码块

请输入您的个人信息

11.1.11 更多排版类

类样式	样式描述
.lead	使段落突出显示
.small	设定小文本（设置为父文本大小的 85%）
.text-left	设定文本左对齐
.text-center	设定文本居中对齐
.text-right	设定文本右对齐
.text-justify	设定文本对齐，段落中超出屏幕的部分自动换行
.text-nowrap	段落中超出屏幕的部分不换行
.text-lowercase	设定文本小写
.text-uppercase	设定文本大写
.text-capitalize	设定单词首字母大写
.initialism	显示在 <abbr> 元素中的文本以小号字展示，且可以将小写字母转换为大写字母
.blockquote-reverse	设定引用右对齐
.list-unstyled	移除默认的列表样式，列表项左对齐（ <ul> 和 <ol> 中）。这个类仅适用于直接子列表项（如果要移除嵌套的列表项，需要在嵌套的列表中使用该样式）
.list-inline	将所有列表项放置在同一行
.dl-horizontal	该类设置了浮动和偏移，应用于 <dl> 元素和 <dt> 元素中，具体实现可以查看实例
.pre-scrollable	使 <pre> 元素可滚动

11.2 按钮样式

Bootstrap 提供了各式各样漂亮的按钮，无须自己给按钮写样式，直接使用其提供的类样式即可，非常简单、方便。

本节将通过实例讲解如何使用 Bootstrap 按钮。任何带有 class .btn 的元素都会继承圆角灰色按钮的默认外观。但是 Bootstrap 提供了一些选项来定义按钮的样式，具体如下表所示。以下样式可用于 <a>、<button>、<input> 元素上。

类	描述
.btn	为按钮添加基本样式
.btn-default	默认 / 标准按钮
.btn-primary	原始按钮样式（未被操作）

续表

类	描述
.btn-success	表示成功的动作
.btn-info	该样式可用于要弹出信息的按钮
.btn-warning	表示需要谨慎操作的按钮
.btn-danger	表示一个危险动作的按钮操作
.btn-link	让按钮看起来像个链接（仍然保留按钮行为）
.btn-lg	制作一个大按钮
.btn-sm	制作一个小按钮
.btn-xs	制作一个超小按钮
.btn-block	块级按钮（拉伸至父元素宽度的 100%）
.active	按钮被单击
.disabled	禁用按钮

- **综合案例**

```
1.<div class="container">
2.        <button class="btn"> 圆角按钮 </button>
3.        <button class="btn btn-default"> 默认按钮 </button>
4.        <button class="btn btn-info"> 信息按钮 </button>
5.        <button class="btn btn-warning"> 警示按钮 </button>
6.        <button class="btn btn-danger"> 危险按钮 </button>
7.        <button class="btn btn-link"> 链接按钮 </button>
8.        <button class="btn btn-lg"> 大的按钮 </button>
9.        <button class="btn btn-sm"> 小的按钮 </button>
10.        <button class="btn btn-xs"> 超小按钮 </button><br /><br />
11.        <button class="btn btn-block"> 块级按钮 </button><br />
12.        <button class="btn btn-success"> 成功按钮 </button>
13.        <button class="btn btn-success btn-primary"> 原始按钮
</button>
14.        <button class="btn btn-success active"> 激活按钮 </button>
15.        <button class="btn btn-success disabled" role="button"> 禁
用按钮 </button>
16. </div>
```

运行结果：

11.3 图片样式

Bootstrap 提供了如下 4 种用于 <img> 类的样式。

11.3.1 Bootstrap 图片圆角样式

在现今的网站建设中，由于扁平化设计的趋势，经常会用到一些 CSS3 的特性，例如圆角、渐变、阴影等。也可以用 Bootstrap 迅速对图片进行圆角设置，代码如下：

```
<img width="100px" height="100px" src="/img/pic.jgp" alt=" 圆角图片 " class="img-rounded">
```

不过需要注意的是，由于 IE8 并不支持圆角属性，所以这一效果在 IE8 及以下版本的浏览器中无法查看。

11.3.2 Bootstrap 图片圆形样式

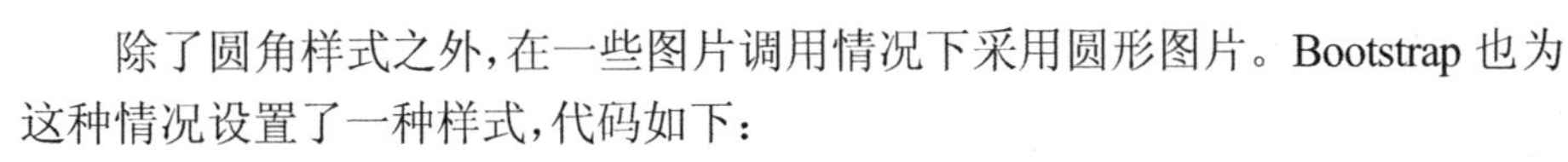

除了圆角样式之外，在一些图片调用情况下采用圆形图片。Bootstrap 也为这种情况设置了一种样式，代码如下：

```
<img width="100px" height="100px" src="img/banner8.jpg" alt=" 圆 角 图 片 " class="img-circle">
```

11.3.3 Bootstrap 缩略图样式

如果需要在文章的简介处加入缩略图，也可以直接通过 Bootstrap 自带的缩略图样式对图片进行设置。

代码如下：

```
<img width="200px" height="200px" src="img/banner8.jpg" alt=" 圆 角 图 片 " class="img-thumbnail">
```

11.3.4 Bootstrap 响应式图片样式

通过给图片添加 .img-responsive 类可以让图片支持响应式布局。其实质是为图片设置 max-width: 100%;、height: auto; 和 display: block; 属性，从而让图片在其父元素中更好地缩放。

如果需要让使用了 .img-responsive 类的图片水平居中，可以使用 .center-block 类，代码如下：

```
<img src="/img/pic.jpg" alt=" 响应式图片 " class="img-responsive">
```

专家讲解

所谓响应式图片就是图片会根据设备的分辨率动态改变大小。

总之，Bootstrap 图片样式的类调用起来非常方便、快捷，当然，如果需要自定义图片样式，可以在 CSS 中的编写形式中编写自己的图片样式类。

11.4 表单样式

表单是用来与用户交流的网页控件，良好的表单设计能够让网页与用户更好地沟通。表单中常见的元素主要有文本输入框、下拉选择框、单选按钮、复选按钮、文本域和按钮等。每个控件所起的作用都不相同，不同的浏览器对表单控件进行渲染的风格也不同。

11.4.1 基础表单

对于基础表单，Bootstrap 并未进行太多的定制性效果设计，仅仅对表单内的 fieldset、legend、label 标签进行了定制，主要对这些元素的 margin、padding 和 border 等进行了细化设置。

表单中除了这几个元素之外，还有 input、select、textarea 等元素，在 Bootstrap 框架中可以定制一个类名 form-control，即如果这几个元素使用了类名 form-control，将实现一些设计上的定制效果，如：

（1）宽度变成了 100%;

（2）设置了一个浅灰色（#ccc）的边框；

（3）具有 4px 的圆角；

（4）设置了阴影效果，并且在元素得到焦点之时，阴影和边框效果会有所变化；

（5）设置了 placeholder 的颜色为 #999。

● **综合案例**

```
1.<form>
2.<div class="form-group">
3.  <label> 邮箱：</label>
4.  <input type="email" class="form-control" placeholder=" 请输入您的邮箱地址 ">
5.</div>
6.<div class="form-group">
7.  <label> 密码 </label>
8.  <input type="password" class="form-control" placeholder=" 请输入您的邮箱密码 ">
9.</div>
10. <div class="checkbox">
11.  <label>
12.  <input type="checkbox"> 记住密码
13.  </label>
14.</div>
15. <button type="submit" class="btn btn-default"> 进入邮箱 </button>
16.</form>
```

运行结果：

邮箱：

请输入您的邮箱地址

密码

请输入您的邮箱密码

☐ 记住密码

进入邮箱

11.4.2 水平表单

Bootstrap 框架默认的表单是竖直显示风格，但很多时候需要的是水平显示风格（标签居左，表单控件居右）。

```
1.<form class="form-horizontal" role="form">
2.<div class="form-group">
3.  <label for="inputEmail3" class="col-sm-2 control-label"> 邮箱:</label>
4.          <div class="col-sm-4">
5.          <input type="email" class="form-control" id="inputEmail3" placeholder=" 请
输入您的邮箱地址 ">
6.          </div>
7.</div>
8.<div class="form-group">
9.    <label for="inputPassword3" class="col-sm-2 control-label"> 密码:</label>
10.         <div class="col-sm-4">
11.         <input type="password" class="form-control" id="inputPassword3" place-
holder=" 请输入您的邮箱密码 ">
12.         </div>
13.</div>
14.</form>
```

运行结果:

邮箱: 请输入您的邮箱地址

密码: 请输入您的邮箱密码

在 Bootstrap 框架中要实现水平表单效果,必须满足以下两个条件:

(1)<form> 元素使用类名 form-horizontal 来实现水平效果;

(2)配合 Bootstrap 框架的栅格系统。

11.4.3 内联表单

有时候需要将表单的控件在一行内显示,如下所示:

请输入你的邮箱地址 请输入你的邮箱密码 进入邮箱

在 Bootstrap 框架中实现这样的表单效果是轻而易举的,只需要给元素中添加类名 form-inline 即可。

```
1.<form class="form-inline" role="form">
2.<div class="form-group">
```

```
3.            <label class="sr-only" for="exampleInputEmail2"> 邮箱 </label>
4.                      <input type="email" class="form-control" id="exampleInputEmail2"
placeholder=" 请输入你的邮箱地址 ">
5.</div>
6.<div class="form-group">
7.            <label class="sr-only" for="exampleInputPassword2"> 密码 </label>
8.                      <input type="password" class="form-control" id="exampleInputPass-
word2" placeholder=" 请输入你的邮箱密码 ">
9.</div>
10. <button type="submit" class="btn btn-default"> 进入邮箱 </button>
11.</form>
```

专家提醒

内联表单的实现原理非常简单，欲将表单控件在一行内显示，就需要将表单控件设置成内联块元素（display:inline-block）。

11.4.4 综合案例——带验证码的登录界面

本案例只考虑到能够显示出 JS 验证码。

```
1.<!DOCTYPE html>
2.<html lang="zh">
3.<head>
4.            <meta charset="UTF-8">
5.            <meta name="viewport" content="width=device-width,initial-scale=1.0">
6.            <link    rel="stylesheet"    href="bootstrap/css/bootstrap.min.css"    media=
"screen">
7.            <script src="js/jquery-3.2.1.min.js"></script>
8.            <script type="text/javascript">
9.                      $(document).ready(function() {
10.                               // Generate a simple captcha
11.                               function randomNumber(min, max) {
12.                                         return Math.floor(Math.random() * (max - min + 1)
+ min);
13.                               };
14.
15.                               function generateCaptcha() {
```

```
16.                         $('#captchaOperation').html([randomNumber(1, 50),
'+', randomNumber(1, 50), '='].join(' '));
17.                 };
18.                 generateCaptcha();
19.             });
20.     </script>
21.     <script type="text/javascript">
22.             $(document).ready(function() {
23.                 // Generate a simple captcha
24.                 function randomNumber(min, max) {
25.                         return Math.floor(Math.random() * (max - min + 1)
+ min);
26.                 };
27.
28.                 function generateCaptcha() {
29.                         $('#captchaOperation2').html([randomNumber
(1, 50), '+', randomNumber(1, 50), '='].join(' '));
30.                 };
31.
32.             });
33.     </script>
34. </head>
35.
36. <body>
37.     <div class="col-md-offset-4 col-md-4">
38.             <div class="panel panel-primary" style="margin-top:3em;">
39.                 <ul id="myTab" class="nav nav-tabs">
40.                         <li class="active">
41.                                 <a href="#Prv" data-toggle="tab"> 供应商
登录 </a>
42.                         </li>
43.                         <li>
44.                                 <a href="#CPrv" data-toggle="tab"> 生产
商登录 </a>
45.                         </li>
46.                 </ul>
47.                 <div id="myTabContent" class="tab-content">
```

```
48.                          <div class="tab-pane fade in active" id="Prv">
49.                              <div class="well well-sm ">
50.                                  <h3 class="panel-title"> 供应商登
录 </h3>
51.                              </div>
52.                              <div class="panel-body">
53.                                  <form name="LoginG" id="Login
G" action="Admin_ChkLogin_G.asp" method="post" target="_parent">
54.                                      <div class="form-group">
55.                                          <div class="input-
group">
56.                                              <span class
="input-group-addon"> 账号 </span>
57.                                              <input name
="Username" type="text" class="form-control" placeholder="Username">
58.                                          </div><br />
59.                                      </div>
60.                                      <!-- /form-group-->
61.                                      <div class="form-group">
62.                                          <div class="input-
group">
63.                                              <span class
="input-group-addon"> 密码 </span>
64.                                              <input name
="Password" type="Password" class="form-control" placeholder="Password">
65.                                          </div>
66.                                      </div>
67.                                      <!-- /form-group-->
68.                                      <h5> 请将如下计算结果
填入文本框内:</h5>
69.                                      <div class="form-group form-
horizontal">
70.                                          <label class="col-lg-
3 control-label" id="captchaOperation"></label>
71.                                          <div class="col-lg-
9">
```

```
72.                                         <input type
="text" class="form-control " name="captcha" />
73.                                     </div>
74.                                 </div><br /><br /> <br />
75.                                 <div class="form-group">
76.                                     <input class="btn
btn-primary btn-block" type="submit" value=" 登录 " />
77.                                 </div>
78.                             </form>
79.                         </div>
80.                         <!-- /panel-body -->
81.                     </div>
82.                     <!-- tab-pane fade in active-->
83.                     <div class="tab-pane fade" id="CPrv">
84.                         <div class="well well-sm">
85.                             <h3 class="panel-title"> 生产商登
录 </h3>
86.                         </div>
87.                         <div class="panel-body">
88.                             <form      name="LoginS"      id=
"LoginS" action="Admin_ChkLogin_S.asp" method="post" target="_parent">
89.                                 <div class="form-group">
90.                                     <div class="input-
group">
91.                                         <span class
="input-group-addon"> 账号 </span>
92.                                         <input name
="Username2" type="text" class="form-control" placeholder="Username">
93.                                     </div><br />
94.                                 </div>
95.                                 <!-- /form-group-->
96.                                 <div class="form-group">
97.                                     <div class="input-
group">
98.                                         <span class
="input-group-addon"> 密码 </span>
```

```
99.                                                        <input name
="Password2" type="Password" class="form-control" placeholder="Password">
100.                                                          </div>
101.                                                   </div>
102.                                                   <!--      /form-
group-->
103.                                                   <h5> 请将如下计
算结果填入文本框内:</h5>
104.                                                   <div class="form-
group form-horizontal">
105.                                                         <label class
="col-lg-3 control-label" id="captchaOperation2"></label>
106.                                                          <div class
="col-lg-9">
107.                                                         <input type
="text" class="form-control" name="captcha2" />
108.                                                          </div>
109.                                                   </div><br/><br/>
<br />
110.                                                   <div class="form-
group">
111.                                                         <input class
="btn btn-primary btn-block" type="submit" value=" 登录 " />
112.                                                   </div>
113.                                              </form>
114.                                         </div>
115.                                         <!-- /panel-body -->
116.                                    </div>
117.                                    <!-- tab-pane fade-->
118.                               </div>
119.                               <!--myTabContent-->
120.                          </div>
121.</body>
122.</html>
```

运行结果：

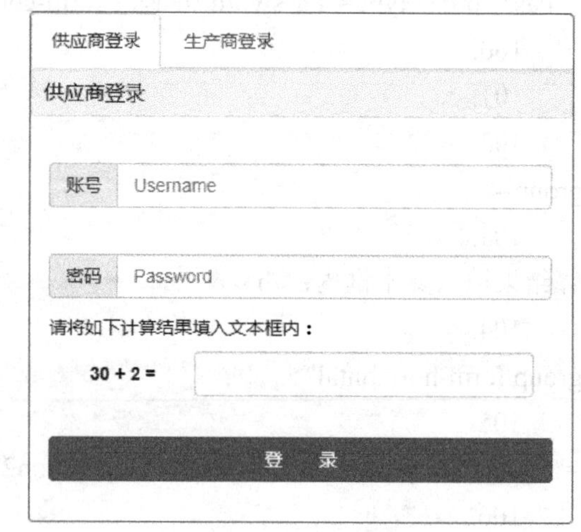

11.5　表格样式

表格是 Bootstrap 的基础组件之一，Bootstrap 为表格提供了 1 种基础样式和 4 种附加样式，还有 1 种支持响应式的表格。在使用 Bootstrap 的表格的过程中，只需要添加对应的类名就可以得到不同风格的表格。

Bootstrap 为不同样式风格的表格提供了不同的类名，主要包括：

（1）table：基础表格；

（2）table-striped：斑马线表格；

（3）table-bordered：带边框的表格；

（4）table-hover：鼠标悬停高亮的表格；

（5）table-condensed：紧凑型表格；

（6）table-responsive：响应式表格。

11.5.1　table 基础样式

为 <table> 标签添加 class='table' 类后的样式如下：

编号	姓名	年龄
001	郭靖	25
002	黄蓉	23
003	杨过	24

注意：Table 是可以自由缩放的（不是响应式，应该是流媒体式）。

11.5.2 table-striped 样式

效果：斑马线表格（隔行变色）。

```
<table class="table table-striped">
```

编号	姓名	年龄
001	郭靖	25
002	黄蓉	23
003	杨过	24

11.5.3 table-bordered 样式

效果：带边框的表格。

```
<table class="table table-bordered">
```

编号	姓名	年龄
001	郭靖	25
002	黄蓉	23
003	杨过	24

11.5.4 table-hover 样式

效果：鼠标悬停变色。

```
<table class="table  table-hover">
```

编号	姓名	年龄
001	郭靖	25
002	黄蓉	23
003	杨过	24

11.5.5 table-condensed 样式

效果：紧凑型表格。

```
<table class="table table-condensed">
...
</table>
```

Bootstrap 中紧凑型表格与基础表格的差别很小，因为只是将单元格的内距由 8px 调至 5px。

专家讲解

紧凑型表格，简单理解，就是单元格没内距或者内距较其他表格小。换句话说，要实现紧凑型表格只需要重置表格单元格的内距 padding 的值。在 Bootstrap 中，可以通过类名 table-condensed 重置单元格的内距值。

11.5.6 sr-only 样式

效果：隐藏某一行。

```
<tr class="sr-only">
```

编号	姓名	年龄
002	黄蓉	23
003	杨过	24

11.5.7 状态类（主要用于作标记）

可以单独设置每一行的背景样式（总共有 5 种不同的样式可以选择）。

样式	说明
active	鼠标悬停在行或单元格上
success	表示成功或积极的动作
info	表示普通的提示信息或动作
warning	表示警告或需要用户注意
danger	表示危险或潜在的会带来负面影响的动作

参考源码：

```
1.<table class="table">
2.            <caption> 上下文表格布局 </caption>
3.            <thead>
4.                <tr>
5.                    <th> 产品 </th>
6.                    <th> 付款日期 </th>
7.                    <th> 状态 </th>
8.                </tr>
9.            </thead>
10.           <tbody>
11.               <tr class="active">
12.                   <td> 产品 1</td>
13.                   <td>23/11/2017</td>
14.                   <td> 待发货 </td>
15.               </tr>
16.               <tr class="success">
17.                   <td> 产品 2</td>
18.                   <td>10/11/2017</td>
19.                   <td> 发货中 </td>
20.               </tr>
21.               <tr class="warning">
22.                   <td> 产品 3</td>
23.                   <td>20/10/2017</td>
24.                   <td> 待确认 </td>
25.               </tr>
26.               <tr class="danger">
27.                   <td> 产品 4</td>
28.                   <td>20/10/2017</td>
29.                   <td> 已退货 </td>
30.               </tr>
31.           </tbody>
32. </table>
```

运行结果：

上下文表格布局

产品	付款日期	状态
产品1	23/11/2017	待发货
产品2	10/11/2017	发货中
产品3	20/10/2017	待确认
产品4	20/10/2017	已退货

11.5.8 响应式表格

响应式表格是当浏览器的宽度或者高度小于多少时做什么动作，例如当浏览器的宽度小于 768px 时表格出现边框。

注意：这个样式定义在表格的父元素上。

```
1.<div class="table-responsive">
2.<table class="table table-bordered">
3....
4.</table>
5.</div>
```

11.6 辅助类

11.6.1 情境文本颜色

通过颜色来展示意图，Bootstrap 提供了一组工具类，这些类可以应用于超链接，并且在鼠标经过时颜色可以加深，就像默认的链接一样。

```
1. <p class="text-muted"> 融创软通 </p>
2. <p class="text-primary"> 融创软通 </p>
3. <p class="text-success"> 融创软通 </p>
4. <p class="text-info"> 融创软通 </p>
5. <p class="text-warning"> 融创软通 </p>
6. <p class="text-danger"> 融创软通 </p>
```

11.6.2 情境背景色

和情境文本颜色类一样，使用情境背景色类可以设置元素的背景。链接组件在鼠标经过时颜色会加深，和前面所讲的情境文本颜色类一样。

```
1. <p class="bg-primary"> 融创软通 </p>
2. <p class="bg-success"> 融创软通 </p>
3. <p class="bg-info"> 融创软通 </p>
4. <p class="bg-warning"> 融创软通 </p>
5. <p class="bg-danger"> 融创软通 </p>
```

运行结果：

融创软通

融创软通

融创软通

融创软通

融创软通

11.6.3 关闭按钮

制作一个具有关闭图标的按钮。

```
<button type="button" class="close" aria-label="Close"><span aria-hidden="true">&
times;</span></button>
```

11.6.4 三角符号

通过使用三角符号可以指示某个元素具有下拉菜单的功能。

注意：向上弹出式菜单中的三角符号是反方向的。

```
<span class="caret"></span>
```

11.6.5 快速浮动

通过添加一个类，可以使任意元素向左或向右浮动。!important 被用来明确 CSS 样式的优先级。

```
<div class="pull-left">...</div>
<div class="pull-right">...</div>
```

注意：该类不能用于导航条组件中。

11.6.6 让内容块居中

```
<div class="center-block">...</div>
```

注意：最好先设置一下宽度。

11.6.7 清除浮动

通过给父元素添加 .clearfix 类可以很容易地清除浮动（float）。

```
<div class="clearfix">...</div>
```

11.6.8 显示或隐藏内容

```
<div class="show">...</div>
<div class="hidden">...</div>
```

11.6.9 屏幕阅读器和键盘导航

通过 .sr-only 类可以对屏幕阅读器以外的设备隐藏内容。.sr-only 和 .sr-only-focusable 联合使用可以在元素有焦点的时候再次显示（例如使用键盘导航的用户）。这对遵循可访问性的最佳实践很有必要。

```
<a class="sr-only sr-only-focusable" href="#content">获得焦点时我会显示出来，可以试一试
</a>
```

11.6.10 响应式样式

Bootstrap 提供了一些帮助器类，以更快地实现对移动设备的友好开发。可以通过媒体查询结合大型、中型和小型设备，实现内容对设备的显示和隐藏。

但这些工具需要谨慎使用，以避免在同一个站点创建完全不同的版本。响应式实用工具目前只适用于块和表切换。

类	设备
.visible-xs	额外的小型设备（小于 768 px）可见
.visible-sm	小型设备（768 px 起）可见
.visible-md	中型设备（768 px 到 991 px）可见
.visible-lg	大型设备（992 px 及以上）可见
.hidden-xs	额外的小型设备（小于 768 px）隐藏

续表

类	设备
.hidden-sm	小型设备（768 px 起）隐藏
.hidden-md	中型设备（768 px 到 991 px）隐藏
.hidden-lg	大型设备（992 px 及以上）隐藏

- **综合案例**

```
1.<div class="container">
2.            <div class="container" style="padding: 40px;">
3.                <div class="row visible-on">
4.                    <div class="col-xs-6 col-sm-3" style="background-
color: #dedef8;
5.      box-shadow: inset 1px -1px 1px #444, inset -1px 1px 1px #444;">
6.                        <span class="hidden-xs"> 特 别 小 型
</span>
7.                        <span class="visible-xs"> ✔在特别小型
设备上可见 </span>
8.                    </div>
9.                    <div class="col-xs-6 col-sm-3" style="background-
color: #dedef8;
10.     box-shadow: inset 1px -1px 1px #444, inset -1px 1px 1px #444;">
11.                       <span class="hidden-sm"> 小型 </span>
12.                       <span class="visible-sm"> ✔ 在小型设备
上可见 </span>
13.                   </div>
14.                   <div class="clearfix visible-xs"></div>
15.                   <div class="col-xs-6 col-sm-3" style="background-
color: #dedef8;
16.     box-shadow: inset 1px -1px 1px #444, inset -1px 1px 1px #444;">
17.                       <span class="hidden-md"> 中型 </span>
18.                       <span class="visible-md"> ✔在中型设备
上可见 </span>
19.                   </div>
```

```
20.                                        <div class="col-xs-6 col-sm-3" style="background-
color: #dedef8;
21.        box-shadow: inset 1px -1px 1px #444, inset -1px 1px 1px #444;">
22.                                                    <span class="hidden-lg"> 大型 </span>
23.                                                    <span class="visible-lg"> ✔在大型设备上
可见 </span>
24.                                        </div>
25.                              </div>
26.                    </div>
27. </div>
```

运行结果：

✓ 在特别小型设备上可见	小型
中型	大型

注意：缩放浏览器的宽度可看到效果。

11.6.11 打印类

下表列出了打印类，使用其可切换打印内容。

类	打印
.visible-print	可见，可打印
.hidden-print	只对浏览器可见，不可打印

11.7 Glyphicons 提供图标

Glyphicons 提供包括 200 个来自 Glyphicons Halflings 的字体图标。Glyphicons Halflings 一般不允许免费使用，但是它们的作者允许 Bootstrap 免费使用。为了表示感谢，希望大家在使用时加上 Glyphicons 的链接。

出于对性能的考虑，所有图标都需要基类和单独的图标类。把下面的代码放在任何地方都能使用。

```
<span class="glyphicon glyphicon-search"></span>
```

可用的图标：

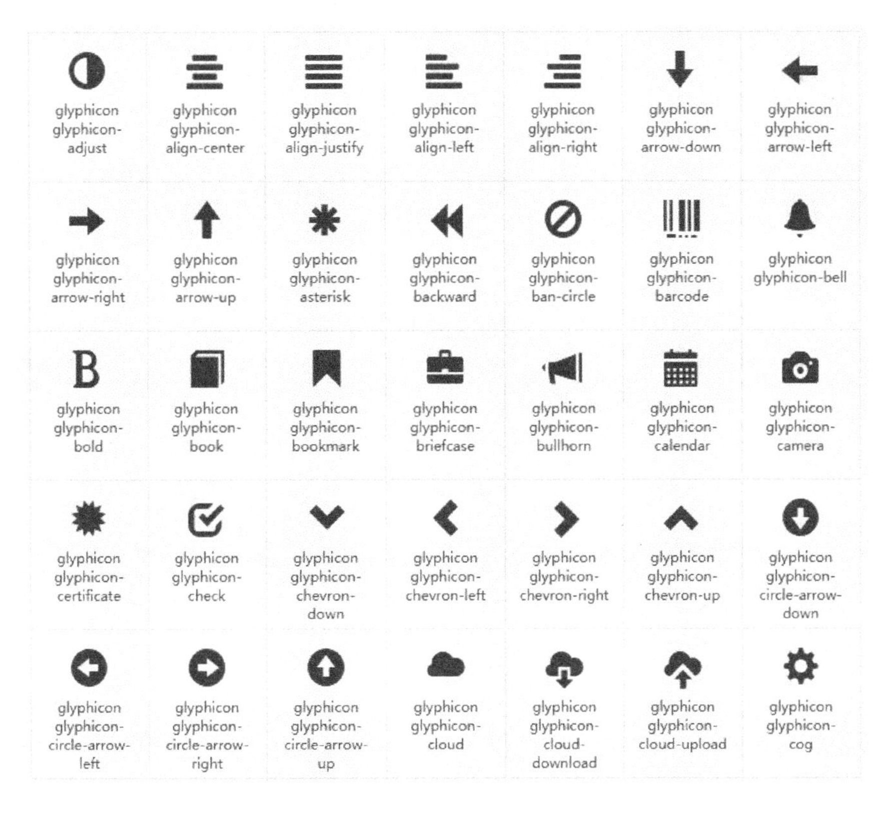
glyphicon glyphicon-adjust
glyphicon glyphicon-align-center
glyphicon glyphicon-align-justify
glyphicon glyphicon-align-left
glyphicon glyphicon-align-right
glyphicon glyphicon-arrow-down
glyphicon glyphicon-arrow-left
glyphicon glyphicon-arrow-right
glyphicon glyphicon-arrow-up
glyphicon glyphicon-asterisk
glyphicon glyphicon-backward
glyphicon glyphicon-ban-circle
glyphicon glyphicon-barcode
glyphicon glyphicon-bell
glyphicon glyphicon-bold
glyphicon glyphicon-book
glyphicon glyphicon-bookmark
glyphicon glyphicon-briefcase
glyphicon glyphicon-bullhorn
glyphicon glyphicon-calendar
glyphicon glyphicon-camera
glyphicon glyphicon-certificate
glyphicon glyphicon-check
glyphicon glyphicon-chevron-down
glyphicon glyphicon-chevron-left
glyphicon glyphicon-chevron-right
glyphicon glyphicon-chevron-up
glyphicon glyphicon-circle-arrow-down
glyphicon glyphicon-circle-arrow-left
glyphicon glyphicon-circle-arrow-right
glyphicon glyphicon-circle-arrow-up
glyphicon glyphicon-cloud
glyphicon glyphicon-cloud-download
glyphicon glyphicon-cloud-upload
glyphicon glyphicon-cog

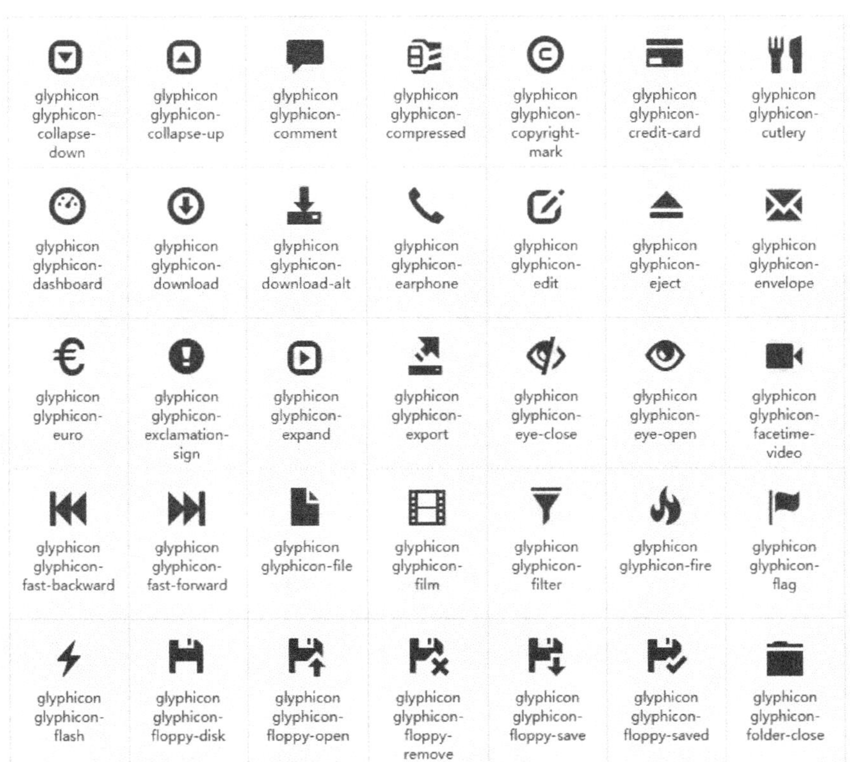
glyphicon glyphicon-collapse-down
glyphicon glyphicon-collapse-up
glyphicon glyphicon-comment
glyphicon glyphicon-compressed
glyphicon glyphicon-copyright-mark
glyphicon glyphicon-credit-card
glyphicon glyphicon-cutlery
glyphicon glyphicon-dashboard
glyphicon glyphicon-download
glyphicon glyphicon-download-alt
glyphicon glyphicon-earphone
glyphicon glyphicon-edit
glyphicon glyphicon-eject
glyphicon glyphicon-envelope
glyphicon glyphicon-euro
glyphicon glyphicon-exclamation-sign
glyphicon glyphicon-expand
glyphicon glyphicon-export
glyphicon glyphicon-eye-close
glyphicon glyphicon-eye-open
glyphicon glyphicon-facetime-video
glyphicon glyphicon-fast-backward
glyphicon glyphicon-fast-forward
glyphicon glyphicon-file
glyphicon glyphicon-film
glyphicon glyphicon-filter
glyphicon glyphicon-fire
glyphicon glyphicon-flag
glyphicon glyphicon-flash
glyphicon glyphicon-floppy-disk
glyphicon glyphicon-floppy-open
glyphicon glyphicon-floppy-remove
glyphicon glyphicon-floppy-save
glyphicon glyphicon-floppy-saved
glyphicon glyphicon-folder-close

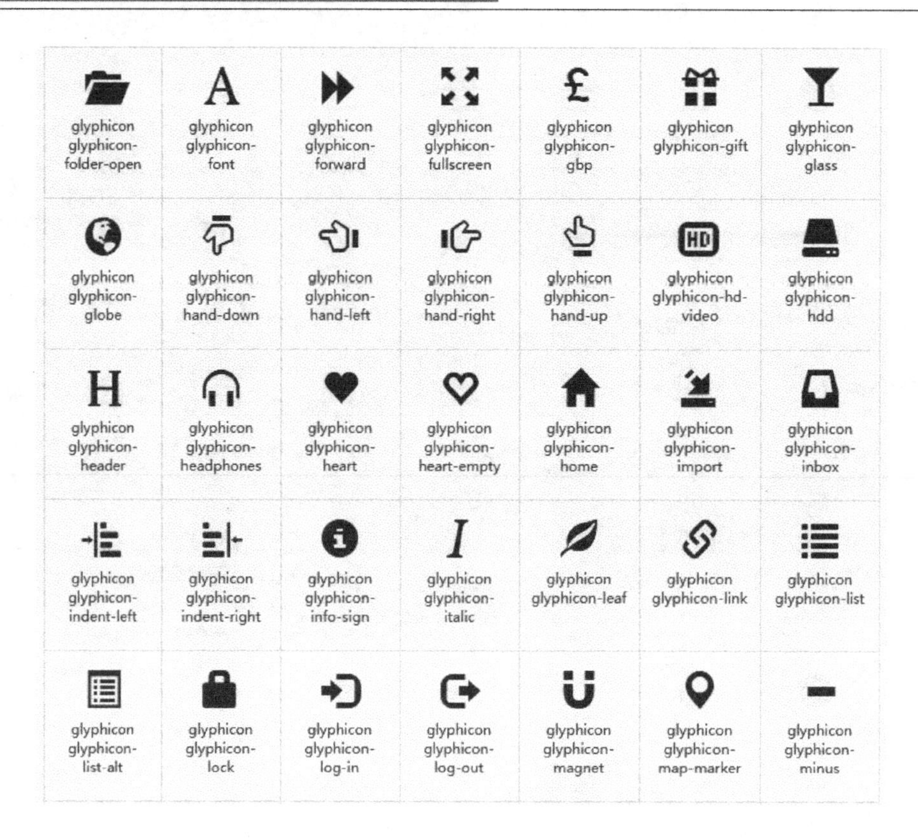
glyphicon glyphicon-folder-open
glyphicon glyphicon-font
glyphicon glyphicon-forward
glyphicon glyphicon-fullscreen
glyphicon glyphicon-gbp
glyphicon glyphicon-gift
glyphicon glyphicon-glass
glyphicon glyphicon-globe
glyphicon glyphicon-hand-down
glyphicon glyphicon-hand-left
glyphicon glyphicon-hand-right
glyphicon glyphicon-hand-up
glyphicon glyphicon-hd-video
glyphicon glyphicon-hdd
glyphicon glyphicon-header
glyphicon glyphicon-headphones
glyphicon glyphicon-heart
glyphicon glyphicon-heart-empty
glyphicon glyphicon-home
glyphicon glyphicon-import
glyphicon glyphicon-inbox
glyphicon glyphicon-indent-left
glyphicon glyphicon-indent-right
glyphicon glyphicon-info-sign
glyphicon glyphicon-italic
glyphicon glyphicon-leaf
glyphicon glyphicon-link
glyphicon glyphicon-list
glyphicon glyphicon-list-alt
glyphicon glyphicon-lock
glyphicon glyphicon-log-in
glyphicon glyphicon-log-out
glyphicon glyphicon-magnet
glyphicon glyphicon-map-marker
glyphicon glyphicon-minus

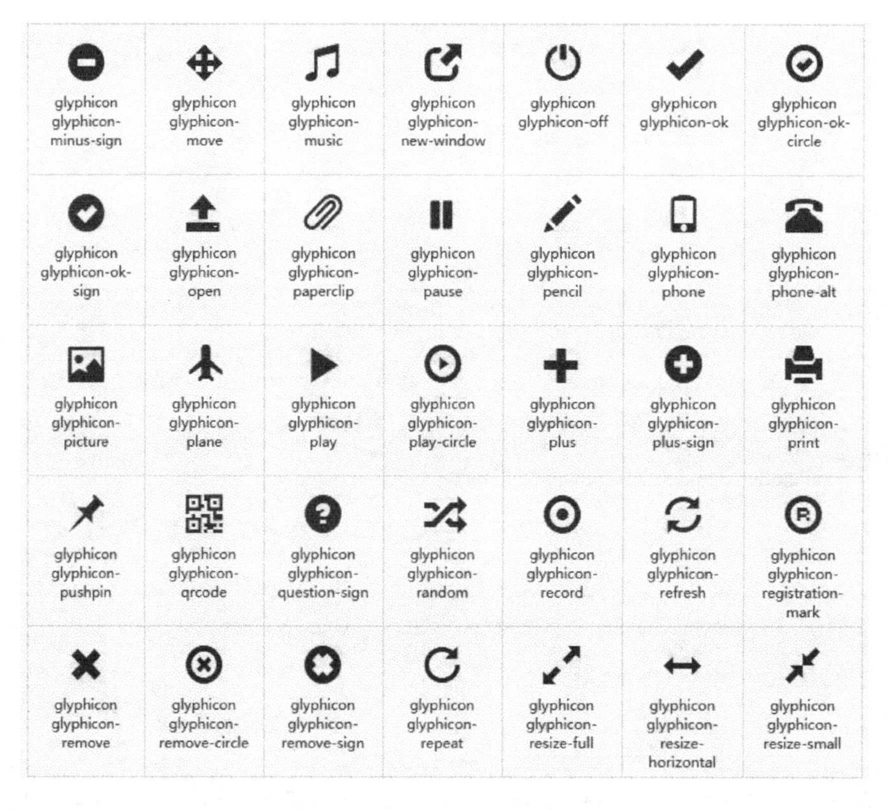
glyphicon glyphicon-minus-sign
glyphicon glyphicon-move
glyphicon glyphicon-music
glyphicon glyphicon-new-window
glyphicon glyphicon-off
glyphicon glyphicon-ok
glyphicon glyphicon-ok-circle
glyphicon glyphicon-ok-sign
glyphicon glyphicon-open
glyphicon glyphicon-paperclip
glyphicon glyphicon-pause
glyphicon glyphicon-pencil
glyphicon glyphicon-phone
glyphicon glyphicon-phone-alt
glyphicon glyphicon-picture
glyphicon glyphicon-plane
glyphicon glyphicon-play
glyphicon glyphicon-play-circle
glyphicon glyphicon-plus
glyphicon glyphicon-plus-sign
glyphicon glyphicon-print
glyphicon glyphicon-pushpin
glyphicon glyphicon-qrcode
glyphicon glyphicon-question-sign
glyphicon glyphicon-random
glyphicon glyphicon-record
glyphicon glyphicon-refresh
glyphicon glyphicon-registration-mark
glyphicon glyphicon-remove
glyphicon glyphicon-remove-circle
glyphicon glyphicon-remove-sign
glyphicon glyphicon-repeat
glyphicon glyphicon-resize-full
glyphicon glyphicon-resize-horizontal
glyphicon glyphicon-resize-small

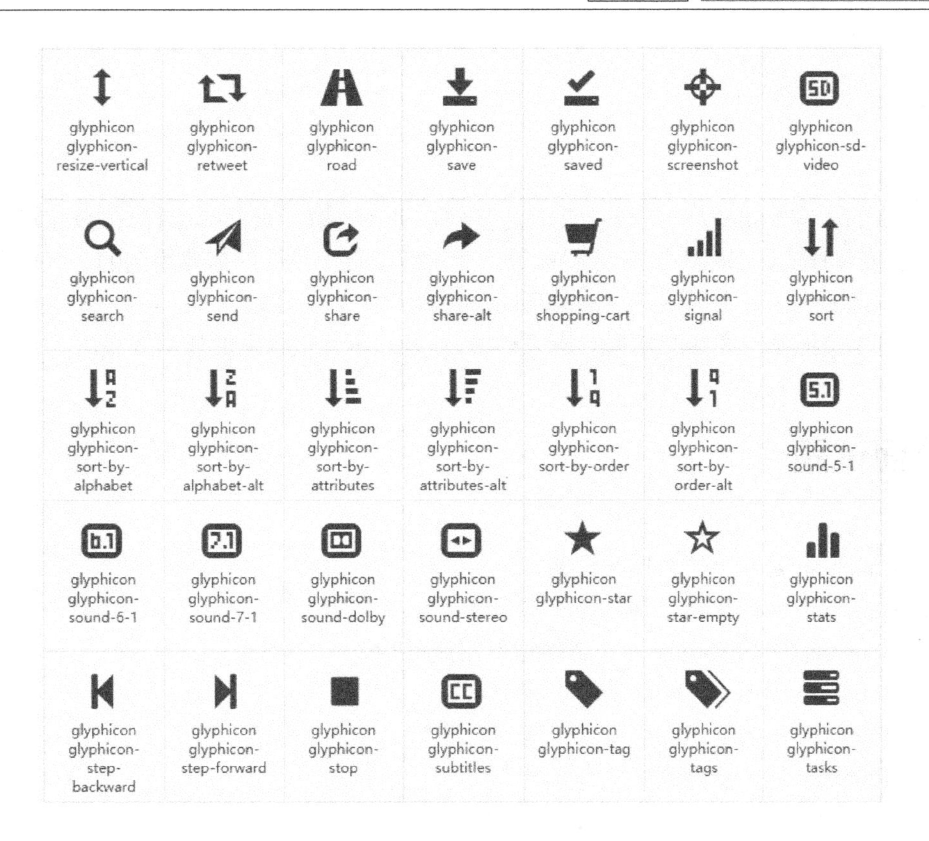
glyphicon glyphicon-resize-vertical
glyphicon glyphicon-retweet
glyphicon glyphicon-road
glyphicon glyphicon-save
glyphicon glyphicon-saved
glyphicon glyphicon-screenshot
glyphicon glyphicon-sd-video
glyphicon glyphicon-search
glyphicon glyphicon-send
glyphicon glyphicon-share
glyphicon glyphicon-share-alt
glyphicon glyphicon-shopping-cart
glyphicon glyphicon-signal
glyphicon glyphicon-sort
glyphicon glyphicon-sort-by-alphabet
glyphicon glyphicon-sort-by-alphabet-alt
glyphicon glyphicon-sort-by-attributes
glyphicon glyphicon-sort-by-attributes-alt
glyphicon glyphicon-sort-by-order
glyphicon glyphicon-sort-by-order-alt
glyphicon glyphicon-sound-5-1
glyphicon glyphicon-sound-6-1
glyphicon glyphicon-sound-7-1
glyphicon glyphicon-sound-dolby
glyphicon glyphicon-sound-stereo
glyphicon glyphicon-star
glyphicon glyphicon-star-empty
glyphicon glyphicon-stats
glyphicon glyphicon-step-backward
glyphicon glyphicon-step-forward
glyphicon glyphicon-stop
glyphicon glyphicon-subtitles
glyphicon glyphicon-tag
glyphicon glyphicon-tags
glyphicon glyphicon-tasks

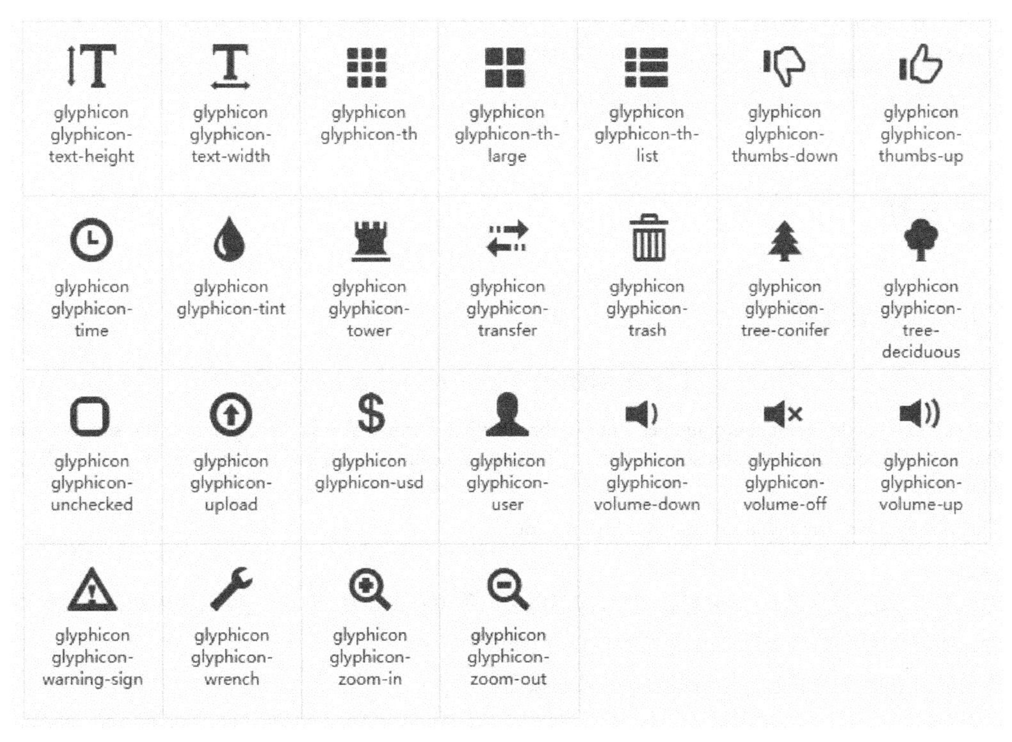
glyphicon glyphicon-text-height
glyphicon glyphicon-text-width
glyphicon glyphicon-th
glyphicon glyphicon-th-large
glyphicon glyphicon-th-list
glyphicon glyphicon-thumbs-down
glyphicon glyphicon-thumbs-up
glyphicon glyphicon-time
glyphicon glyphicon-tint
glyphicon glyphicon-tower
glyphicon glyphicon-transfer
glyphicon glyphicon-trash
glyphicon glyphicon-tree-conifer
glyphicon glyphicon-tree-deciduous
glyphicon glyphicon-unchecked
glyphicon glyphicon-upload
glyphicon glyphicon-usd
glyphicon glyphicon-user
glyphicon glyphicon-volume-down
glyphicon glyphicon-volume-off
glyphicon glyphicon-volume-up
glyphicon glyphicon-warning-sign
glyphicon glyphicon-wrench
glyphicon glyphicon-zoom-in
glyphicon glyphicon-zoom-out

小结

本章的内容非常重要，是设计页面的基础。主要讲解了页面排版样式、按钮样式、图片样式、表单样式、表格样式、各种图标等。还讲解了页面设计中需要用到的一些辅助类，为设计更优的页面效果提供了很大的帮助。

通过本章的学习要熟练掌握响应式样式，注意在不同设备上的显示效果。

经典面试题

1. Bootstrap 是一个什么样的框架？
2. Bootstrap 的图片样式有几种？都是什么？
3. Bootstrap 中的 sr-only 是什么属性？用途是什么？
4. Bootstrap 中用于清除浮动的是哪个类？
5. Bootstrap 中的哪个类可以水平排列表单？
6. Bootstrap 的按钮颜色属性有几种？
7. 在 Bootstrap 中 input 添加 .form-control 类有何作用？
8. Bootstrap 如何让文本左右对齐？
9. Bootstrap 的表格样式有几种？都是什么？
10. 在 Bootstrap 中使表格居中用什么类？

跟我上机

1. 文字排版练习。

I am afraid William Shakespeare

You say that you love rain, but you open your umbrella when it rains. You say that you love the sun, but you find a shadow spot when the sun shines. You say that you love the wind, but you close your windows when wind blows.

This is why I am afraid, you say that you love me too.

译文

你说烟雨微茫，兰亭远望；后来轻揽婆娑，深遮霓裳。你说春光烂漫，绿袖红香；后来内掩西楼，静立卿旁。你说软风轻拂，醉卧思量；后来紧掩门窗，漫帐成殇。

你说情丝柔肠，如何相忘；我却眼波微转，兀自成霜。

2. 制作如下图所示的各种按钮样式。

Bootstrap按钮样式

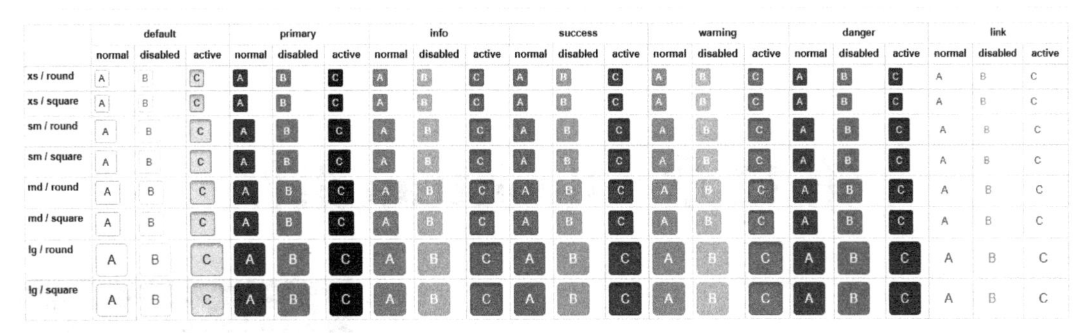

3. 制作如下图所示的表单样式。

第 12 章　Bootstrap 组件

Bootstrap

本章要点(掌握了在方框里打钩)：

- □ 掌握下拉菜单的使用
- □ 掌握导航条的制作
- □ 掌握分页与标签的使用
- □ 掌握进度条的使用
- □ 掌握列表组的使用
- □ 学会制作个人简历主页

12.1 下拉菜单——dropdown

HTML Code：

```
1.<div class="container">
2.        <div class="dropdown">
3.                <button class="btn btn-default dropdown-toggle" type="button" id="dropdownMenu1" data-toggle="dropdown">
4.        一些不可用
5.        <span class="caret"></span>
6.      </button>
7.                <ul class="dropdown-menu" aria-labelledby="dropdownMenu1">
8.                        <li class="disabled">
9.                                <a href="#">Action</a>
10.                        </li>
11.                        <li class="disabled">
12.                                <a href="#">Another action</a>
13.                        </li>
14.                        <li>
15.                                <a href="#">Something else here</a>
16.                        </li>
17.                        <li role="presentation" class="divider"></li>
18.                        <li>
19.                                <a href="#">Separated link</a>
20.                        </li>
21.                </ul>
22.        </div>
23. </div>
```

运行结果：

12.2 按钮组——btn-group

```
1.<div class="container">
2.        <div class='btn-group btn-group-sm'>
3.              <button type="button" class="btn btn-default">left</button>
4.              <button type="button" class="btn btn-default">mid</button>
5.              <button type="button" class="btn btn-default">right</button>
6.        </div>
7.        <div class='btn-group btn-group-xs'>
8.              <button type="button" class="btn btn-default">left</button>
9.              <button type="button" class="btn btn-default">mid</button>
10.             <button type="button" class="btn btn-default">right</button>
11.       </div>
12. </div>
```

运行结果：

12.3 下拉菜单与按钮组整合

```
1.<div class="container">
2.              <div class='btn-group'>
3.                    <button type="button" class="btn btn-info dropdown-tog-
gle"> 直辖市 </button>
4.                    <button type="button" class="btn btn-info dropdown-toggle"
data-toggle='dropdown'>
5.          <span class="caret"></span>
6.       </button>
7.                    <ul class='dropdown-menu' role='menu'>
8.                          <li>
9.                                <a href="#"> 天津市 </a>
10.                         </li>
```

```
11.                          <li>
12.                                  <a href="#"> 北京市 </a>
13.                          </li>
14.                          <li>
15.                                  <a href="#"> 上海市 </a>
16.                          </li>
17.                  </ul>
18. </div>
```

运行结果：

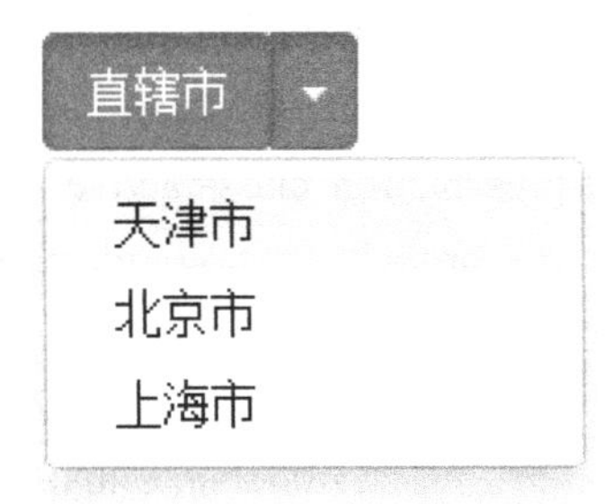

12.4 输入组——input-group

```
1.      <div class="row">
2.              <div class="col-lg-3">
3.                      <div class="input-group">
4.                              <span class='input-group-addon'>
5.              <input type='checkbox'>
6.          </span>
7.                              <input type='text' class="form-control">
8.                      </div>
9.                      <div class="input-group">
10.                             <span class='input-group-addon'>
11.             <input type='radio'>
12.         </span>
13.                             <input type='text' class="form-control">
14.                     </div>
15.             <div>
16.     </div>
```

运行结果：

12.5　导航页——nav

```
1.<div class="container">
2.        <ul id="mytab" class="nav nav-pills nav-justified" role='tablist'>
3.            <li role='presentation' class='active' class="dropdown">
4.                <a href="" data-toggle="dropdown"> 选 择 课 程 <span class="caret"></span></a>
5.                <ul class="dropdown-menu" role="menu">
6.                    <li role="presentation">
7.                        <a href="" role="menuitem" tabindex="-1">Java 课程 </a>
8.                    </li>
9.                    <li role="presentation">
10.                       <a href="" role="menuitem" tabindex="-1">Oracle 课程 </a>
11.                   </li>
12.                   <li role="presentation">
13.                       <a href="" role="menuitem" tabindex="-1">Java Web 课程 </a>
14.                   </li>
15.                   <li role="presentation">
16.                       <a href="" role="menuitem" tabindex="-1">Java 框架课程 </a>
17.                   </li>
18.                   <li role="presentation">
19.                       <a href="" role="menuitem" tabindex="-1"> 软件测试课程 </a>
20.                   </li>
21.               </ul>
```

```
22.                 </li>
23.                 <li role='presentation' class='active' class="dropdown">
24.                         <a  href=""  data-toggle="dropdown"> 选 择 地 区  <span
class="caret"></span></a>
25.                         <ul class="dropdown-menu" role="menu">
26.                                 <li role="presentation">
27.                                         <a  href=""  role="menuitem"  tabindex=
"-1"> 天津 </a>
28.                                 </li>
29.                                 <li role="presentation">
30.                                         <a  href=""  role="menuitem"  tabindex=
"-1"> 北京 </a>
31.                                 </li>
32.                         </ul>
33.                 </li>
34.                 <li role='presentation' class='active' class="dropdown">
35.                         <a  href=""  class="dropdown-toggle"  data-toggle="drop-
down">
36.                                 选择序号
37.                                 <span class="caret"></span>
38.                         </a>
39.                         <ul class="dropdown-menu" role="menu">
40.                                 <li role="presentation">
41.                                         <a  href=""  role="menuitem"  tabindex=
"-1">1</a>
42.                                 </li>
43.                                 <li role="presentation">
44.                                         <a  href=""  role="menuitem"  tabindex=
"-1">2</a>
45.                                 </li>
46.                                 <li role="presentation">
47.                                         <a  href=""  role="menuitem"  tabindex=
"-1">3</a>
48.                                 </li>
49.                                 <li role="presentation">
50.                                         <a  href=""  role="menuitem"  tabindex=
"-1">4</a>
```

```
51.                                     </li>
52.                                     <li role="presentation">
53.                                             <a href="" role="menuitem" tabindex=
"-1">5</a>
54.                                     </li>
55.                             </ul>
56.                     </li>
57.             </ul>
58. </div>
```

运行结果：

选择课程 ▾　选择地区 ▾　选择序号 ▾

Java课程
Oracle课程
Java Web课程
Java框架课程
软件测试课程

12.6　固定在顶部的反色导航条

```
1.<nav class="navbar navbar-inverse navbar-fixed-top " role="navigation">
2.                      <ul class='nav navbar-nav navbar-right'>
3.                              <li>
4.                                      <a href="#"> 今日天气 </a>
5.                              </li>
6.                              <li class='dropdown'>
7.                                      <a href="#" class='dropdown-toggle' data-toggle=
"dropdown"> 管理员 <span class="caret"></span></a>
8.                                      <ul class="dropdown-menu" role="menu">
9.                                              <li>
10.                                                     <a href="#"> 个人中心 </a>
11.                                             </li>
12.                                             <li>
13.                                                     <a href="#"> 修改密码 </a>
14.                                             </li>
```

```
15.                             <li>
16.                                     <a href="#"> 注销系统 </a>
17.                             </li>
18.                         </ul>
19.                     </li>
20.                 </ul>
21.                 <form class="navbar-form navbar-left" role='search'>
22.                     <div class='form-group'>
23.                         <input type='text' class='form-control' placeholder=
" 搜索 ">
24.                     </div>
25.                     <button type='submit' class="btn btn-default"> 搜索 </bu-
tton>
26.                 </form>
27. </nav>
```

运行结果：

12.7 媒体对象

```
1.<div class="container">
2.          <div class="media">
3.                  <a class="media-left" href="#">
4.                          <img width="64px" src="img/logo1.png" alt="64*64
图片 ">
5.                  </a>
6.                  <div class="media-body">
7.                          <h4 class="media-heading"> 融创软通 </h4>
8.                          <p>
9.                                  融创软通是一个公司 <br />
```

```
10.                                          有很多很多业务
11.                                 </p>
12.                        </div>
13.               </div>
14. </div>
```

运行结果：

融创软通
融创软通是一个公司
有很多很多业务

12.8 面板组件

```
1.<div class="container">
2.                  <div class="panel panel-default">
3.                           <div class="panel-heading">
4.                                    面板头部分
5.                           </div>
6.                           <div class="panel-body">
7.                                    面板主体部分
8.                           </div>
9.                           <table class="table">
10.                                   <thead>
11.                                            <tr class="active">
12.                                                     <th> 标题 </th>
13.                                                     <th> 标题 </th>
14.                                                     <th> 标题 </th>
15.                                            </tr>
16.                                   </thead>
17.                                   <tbody>
18.                                            <tr class="success">
19.                                                     <td> 单元格 </td>
20.                                                     <td> 单元格 </td>
21.                                                     <td> 单元格 </td>
22.                                            </tr>
```

```
23.                                             <tr class="info">
24.                                                       <td> 单元格 </td>
25.                                                       <td> 单元格 </td>
26.                                                       <td> 单元格 </td>
27.                                             </tr>
28.                                             <tr class="success">
29.                                                       <td> 单元格 </td>
30.                                                       <td> 单元格 </td>
31.                                                       <td> 单元格 </td>
32.                                             </tr>
33.                                             <tr class="success">
34.                                                       <td> 单元格 </td>
35.                                                       <td> 单元格 </td>
36.                                                       <td> 单元格 </td>
37.                                             </tr>
38.                                    </tbody>
39.                           </table>
40.                           <div  class="panel-footer  panel-danger"> 面 板 页 脚 部 分
</div>
41.                  </div>
42. </div>
```

运行结果：

面板头部分

面板主体部分

标题	标题	标题
单元格	单元格	单元格
单元格	单元格	单元格
单元格	单元格	单元格
单元格	单元格	单元格

面板页脚部分

12.9 Well 组件

```
1.<div class="container">
2.          <div class="container">
3.               <div class="well">
4.                    在 well 中
5.               </div>
6.               <div class="well well-sm">
7.                    在 well 中
8.               </div>
9.               <div class="well well-lg">
10.                   在 well 中
11.              </div>
12.         </div>
13. </div>
```

运行结果：

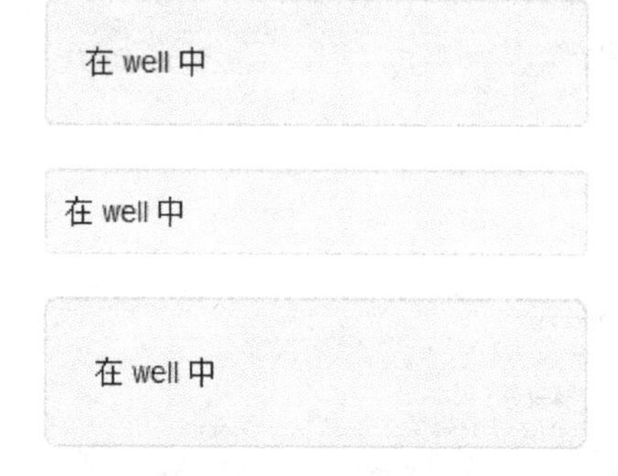

12.10 分页与标签

```
1.<div class="container">
2.          <nav>
3.               <ul class="pagination pagination-lg">
4.                    <li>
5.                         <a href="#">&laquo;</a>
6.                    </li>
```

```
7.                          <li>
8.                                  <a href="#">1</a>
9.                          </li>
10.                         <li class="disabled">
11.                                 <a href="#">2</a>
12.                         </li>
13.                         <li class="active">
14.                                 <a href="#">3</a>
15.                         </li>
16.                         <li>
17.                                 <a href="#">4</a>
18.                         </li>
19.                         <li>
20.                                 <a href="#">5</a>
21.                         </li>
22.                         <li>
23.                                 <a href="#">&raquo;</a>
24.                         </li>
25.                 </ul>
26.         </nav>
27.         <br />
28.         <nav>
29.                 <ul class="pager">
30.                         <li>
31.                                 <a href="#"> 上一页 </a>
32.                         </li>
33.                         <li>
34.                                 <a href="#"> 下一页 </a>
35.                         </li>
36.                 </ul>
37.         </nav>
38.         <br />
39.         <span class="label label-default"> 默认 </span>
40.         <span class="label label-primary"> 默认 </span>
41.         <span class="label label-success"> 默认 </span>
42.         <span class="label label-info"> 默认 </span>
43.         <span class="label label-warning"> 默认 </span>
```

```
44. </div>
```

运行结果：

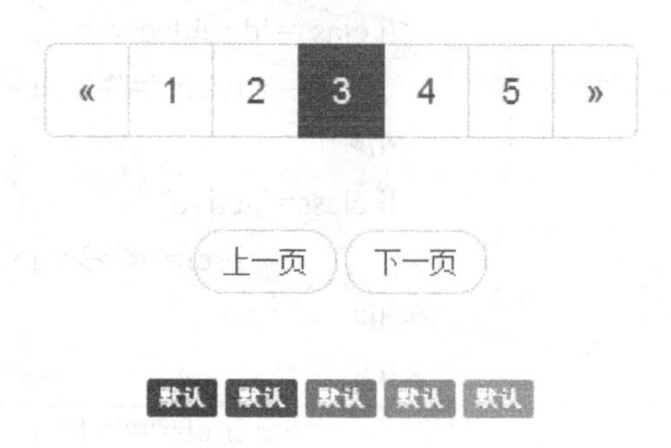

12.11 徽章与巨幕

```
1.<div class="container">
2.        <div class='jumbotron'>
3.            <div class='container'>
4.                <h1>融创软通</h1>
5.                <p>教育培训事业部</p>
6.                <p>
7.                    <a class='btn btn-info btn-lg' href="#" role='button'>了解更多……</a>
8.                </p>
9.                <ul class="nav nav-pills">
10.                   <li role='presentation' class="active">
11.                       <a href="#">新消息<span class="badge">30</span></a>
12.                   </li>
13.                   <li role='presentation'>
14.                       <a href="#">已读消息<span class="badge">30</span></a>
15.                   </li>
16.               </ul>
17.           </div>
18.       </div>
19. </div>
```

运行结果：

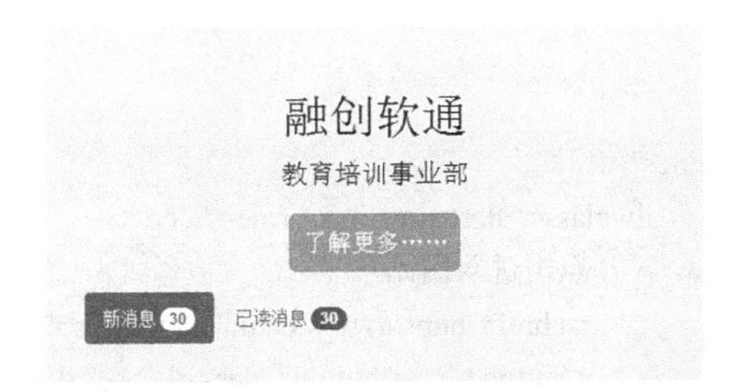

12.12 页头与缩略图

```
1.<div class="container">
2.        <div class="page-header">
3.                <h1> 我的相册 <small> 风景 </small></h1>
4.        </div>
5.        <div class="row">
6.                <div class="col-xs-6 col-md-3">
7.                        <a href="#" class="thumbnail">
8.                                <img src="timer/img/dog01.png">
9.                        </a>
10.               </div>
11.               <div class="col-xs-6 col-md-3">
12.                       <a href="#" class="thumbnail">
13.                               <img src="timer/img/dog02.png">
14.                       </a>
15.               </div>
16.       </div>
17. </div>
```

运行结果：

我的相册风景

12.13 警告框

```
1.<div class="container">
2.          <div class="alert alert-info" role="alert">
3.              点击进入网站
4.              <a href="https://www.baidu.com" class="alert-link"> 百度 </a>
5.              <button type="button" class="close" data-dismiss="alert">
6.      <span aria-disabled="true">&times;</span>
7.    </button>
8.          </div>
9.</div>
```

运行结果：

点击进入网站 **百度** ×

12.14 进度条

```
1.<div class="container">
2.          <div class="progress">
3.              <div class="progress-bar progress-bar-warning" role="progressbar" aria-valuemin="0" aria-valuemax="100" style="width:40%">
4.                  40%
5.              </div>
6.          </div>
7.          <div class="progress">
8.              <div class="progress-bar progress-bar-success" role="progressbar" aria-valuemin="0" aria-valuemax="100" style="width:90%">
9.                  90%
10.             </div>
11.         </div>
12.         <div class="progress">
```

```
13.                     <div class="progress-bar progress-bar-striped active" role="progressbar" aria-valuemin="0" aria-valuemax="100" style="width:90%">
14.                         90%
15.                     </div>
16.                 </div>
17.                 <div class="progress">
18.                     <div class="progress-bar" style="width:30%">30%</div>
19.                     <div class="progress-bar progress-bar-success progress-bar-striped" style="width:25%">25%</div>
20.                 </div>
21. </div>
```

运行结果：

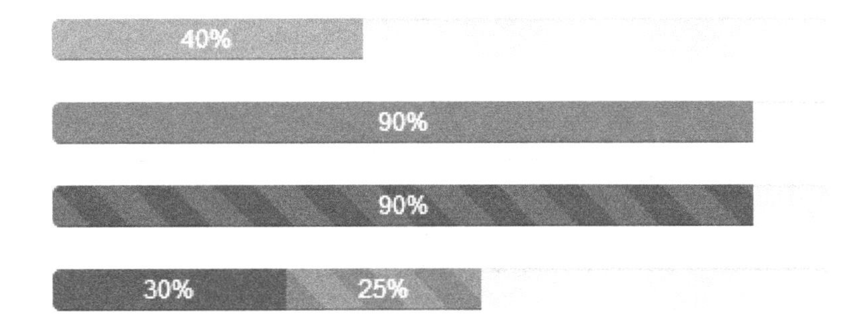

12.15　列表组

```
1.<div class="container">
2.                 <div class="list-group">
3.                     <a class="list-group-item">
4.                         <h4 class="list-group-item-heading"> 教育经历 </h4>
5.                         <p class="list-group-item-text">** 大学毕业 </p>
6.                     </a>
7.                     <a class="list-group-item">
8.                         <h4 class="list-group-item-heading"> 项目经验 </h4>
9.                         <p class="list-group-item-text"> 奥凯航空后勤资产管理系统项目 </p>
```

```
10.                         </a>
11.                         <a class="list-group-item">
12.                                 <h4  class="list-group-item-heading"> 实 践 经 验
</h4>
13.                                 <p class="list-group-item-text"> 在华为干过开发
</p>
14.                         </a>
15.                 </div>
16. </div>
```

运行结果：

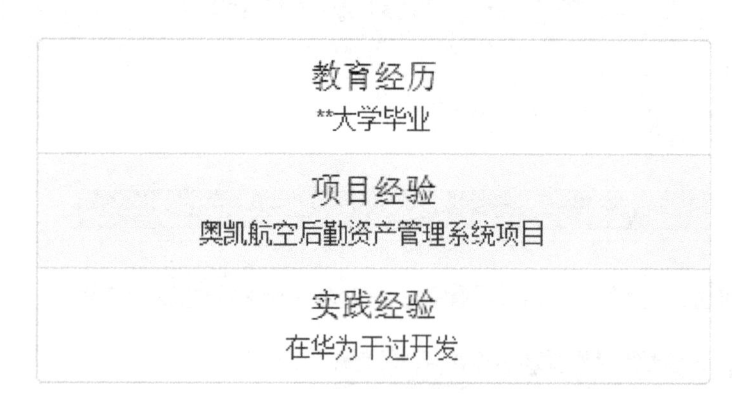

小结

Bootstrap 包含丰富的组件，根据其提供的组件，开发者可以快速、便捷地搭建网站。本章主要介绍了以下常用组件：下拉菜单、按钮组、按钮下拉菜单、导航页、导航条、媒体对象、分页、缩略图、警告框、进度条等。

此外，Bootstrap 还包含众多 jQuery 插件：标签页、滚动条、弹出框等。

经典面试题

1. Bootstrap 组件指的是什么？
2. Bootstrap 有哪些组件？
3. 在 Bootstrap 中怎样将导航条固定在顶部？

4. Bootstrap tooltip 控件如何设置提示框宽度？
5. Bootstrap 有没有圆形进度条？
6. 在 Bootstrap3 中怎样设置徽章颜色？
7. Bootstrap 中的导航栏怎样实现有图标？
8. 如何基于 Bootstrap 创建一个响应式的导航条？
9. Bootstrap 表单可以一行有多个输入框吗？
10. Bootstrap 怎样做出后面有一个叉号的输入框？

跟我上机

1. 制作个人简历主页，下图所示的界面仅供参考。

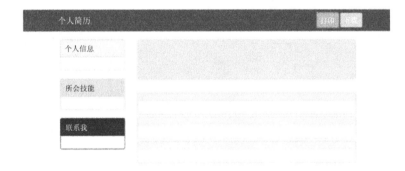

2. 制作个人相册主页。
3. 设计个人日记本页面，下图所示的界面仅供参考。

4. 完成如下界面设计，界面仅供参考。

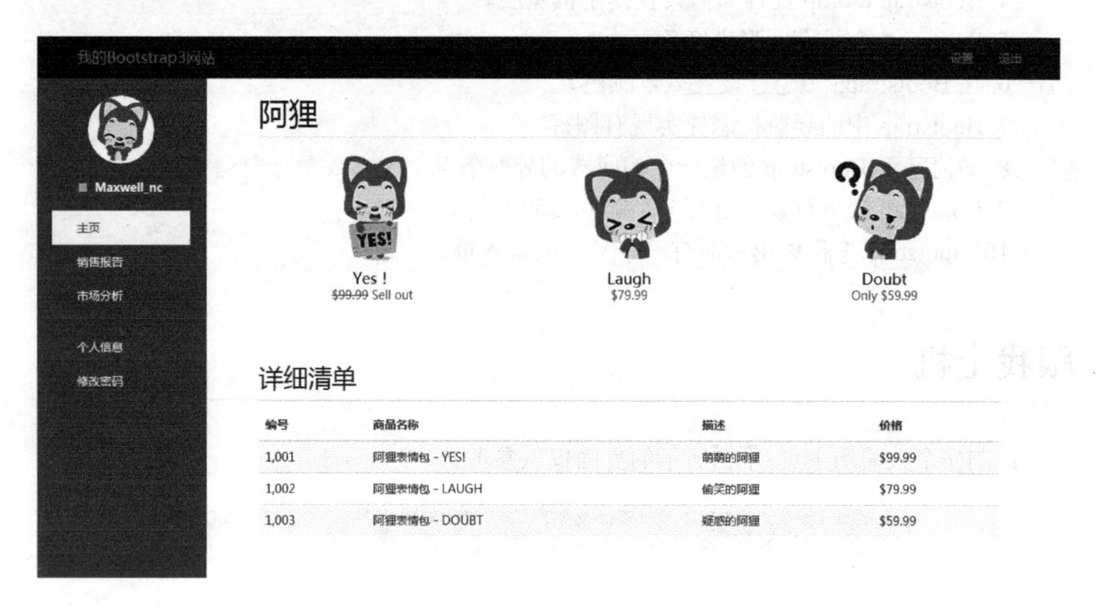

第 13 章　Bootstrap 之 JS 插件

Bootstrap

本章要点(掌握了在方框里打钩):

- □ 掌握模态框的使用
- □ 掌握标签页和按钮插件的使用
- □ 掌握工具提醒、弹出框、警告框的使用
- □ 掌握图片轮播的使用
- □ 掌握附件导航插件的使用

必须引入：

```
1. <script src="js/jquery-3.2.1.min.js"></script>
2. <script src="bootstrap/js/bootstrap.min.js"></script>
```

Bootstrap 需要 jQuery 的支持。

13.1 模态框

模态框（modal）是覆盖在父窗体上的子窗体。其目的通常是显示来自一个单独的源的内容，可以在不离开父窗体的情况下有一些互动。子窗体可提供信息、交互等。

下面是一些可与 modal() 一起使用的常用方法。

方法	描述	实例
Options:.modal(options)	把内容作为模态框激活。接受一个可选的选项对象	$('#identifier').modal({ keyboard: false })
Toggle: .modal('toggle')	手动切换模态框	$('#identifier').modal('toggle')
Show: .modal('show')	手动打开模态框	$('#identifier').modal('show')
Hide: .modal('hide')	手动隐藏模态框	$('#identifier').modal('hide')

HTML Code：

```
1.<div class="container">
2.        <button type="button" class="btn btn-primary" data-toggle="modal" data-tar-
get="#examplemodal">
3.    单击打开模态框
4.  </button>
5.        <div class="modal fade" id="examplemodal" tabindex="-1" role="dialog"
aria-labelledby="examplemodallabel" aria-hidden="true">
6.              <div class="modal-dialog">
7.                    <div class="modal-content">
8.                          <div class="modal-header">
9.                                <button type="button" class="close" data
dismiss="modal" aria-label="close">
10.             <span aria-hidden="true">&times;</span>
11.         </button>
```

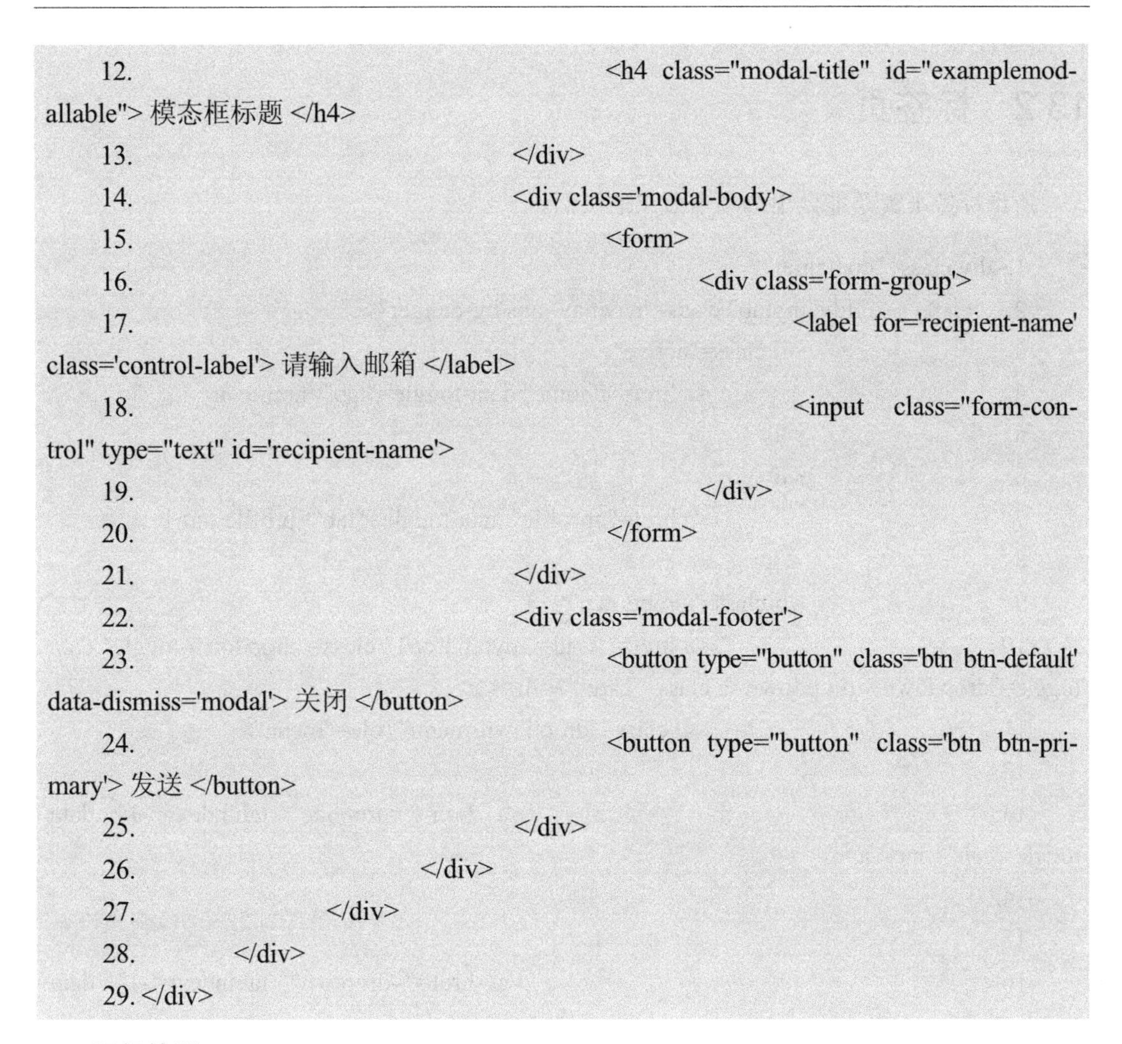

```
    12.                                    <h4 class="modal-title" id="examplemod-
allable"> 模态框标题 </h4>
    13.                             </div>
    14.                             <div class='modal-body'>
    15.                                    <form>
    16.                                           <div class='form-group'>
    17.                                                  <label for='recipient-name'
class='control-label'> 请输入邮箱 </label>
    18.                                                  <input class="form-con-
trol" type="text" id='recipient-name'>
    19.                                           </div>
    20.                                    </form>
    21.                             </div>
    22.                             <div class='modal-footer'>
    23.                                    <button type="button" class='btn btn-default'
data-dismiss='modal'> 关闭 </button>
    24.                                    <button type="button" class='btn btn-pri-
mary'> 发送 </button>
    25.                             </div>
    26.                      </div>
    27.               </div>
    28.        </div>
    29. </div>
```

运行结果：

13.2 标签页

所谓标签页就是能做出选项卡效果的页面。

```
1.<div class="container">
2.        <ul id="mytab" class="nav nav-tabs bg-danger">
3.                <li class="active">
4.                        <a href="#home" data-toggle="tab">home</a>
5.                </li>
6.                <li>
7.                        <a href="#profile" data-toggle="tab">profile</a>
8.                </li>
9.                <li class="dropdown">
10.                        <a href="#" id="mytabdrop1" class="dropdown-toggle" data
toggle="dropdown">dropdown<b class="caret"></b></a>
11.                        <ul class="dropdown-menu" role="menu">
12.                                <li>
13.                                        <a href="#dropone" tabindex="-1" data
toggle="tab">one</a>
14.                                </li>
15.                                <li>
16.                                        <a href="#droptwo" tabindex="-1" data
toggle="tab">two</a>
17.                                </li>
18.                        </ul>
19.                </li>
20.        </ul>
21.        <div id="mytabcon" class="tab-content">
22.                <div class="tab-pane fade in active" id="home">
23.                        <p>home</p>
24.                        <p>home</p>
25.                        </div>
26.                <div class="tab-pane fade" id="profile">
27.                        <p>profile</p>
28.                        <p>profile</p>
29.                </div>
```

```
30.                 <div class="tab-pane fade" id="dropone">
31.                         <p>dropone</p>
32.                         <p>dropone</p>
33.                 </div>
34.                 <div class="tab-pane fade" id="droptwo">
35.                         <p>droptwo</p>
36.                         <p>droptwo</p>
37.                 </div>
38.         </div>
39. </div>
```

运行结果：

home profile dropdown

profile

profile

13.3 工具提醒

JS Code：

```
1.$(function() {
2.         $("#mytooltip").tooltip();
3.         $("#mytooltip2").tooltip("show");
4.         // 提示消失弹出 alert
5.         $("#mytooltip").on("hidden.bs.tooltip", function(e) {
6.                 alert("hello");
7.         });
8.});
```

HTML Code：

```
1.<div class="container">
2.         <div class="container">
3.                 <p class="muted" style="margin-bottom:0">
4.                         融创软通
```

```
5.                    <a id="mytooltip" href="#" data-toggle="tooltip" title="" data-placement="bottom" data-original-title=" 天津市西青区 "> 所在城市 </a>
6.                    <br> 软通动力
7.                    <a id="mytooltip2" href="#" data-toggle="tooltip" title="" data-placement="right" data-original-title=" 北京市海淀区 "> 所在城市 </a>
8.             </p>
9.      </div>
10. </div>
```

运行结果：

融创软通 所在城市
软通动力 所在城市 北京市海淀区

13.4　弹出框

JS Code：

```
1.$(function() {
2.                    $("#btn1").popover();
3.                    // 一直显示
4.                    $("#btn2").popover('show');
5.                    // 提示消失弹出 alert
6.                    $("#btn2").on("hidden.bs.popover", function(e) {
7.                           alert("hello");
8.                    });
9. });
```

HTML Code：

```
1. <div class="container">
2.             <button id="btn1" type="button" class="btn btn-default js-popover" data-toggle="popover" data-placement="bottom" title=" 标题 1" data-content=" 内容 1"> 弹出框 1</button>
3.             <button id="btn2" type="button" class="btn btn-default js-popover" data-toggle="popover" data-placement="bottom" title=" 标题 2" data-content=" 内容 2"> 弹出框 2</button>
4. </div>
```

运行结果：

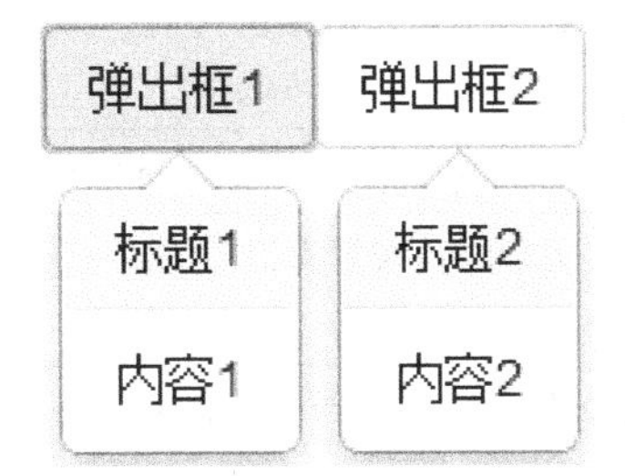

13.5 警告框

HTML Code：

```
1. <div class="container">
2.          <div id="myAlert" class="alert alert-success">
3.                   <a id="myClose" href="javascript:void(0)" class="close" data-dis-
miss="alert">&times;</a>
4.                   <strong>成功！</strong>结果是成功的。
5.          </div>
6.</div>
```

JS Code：

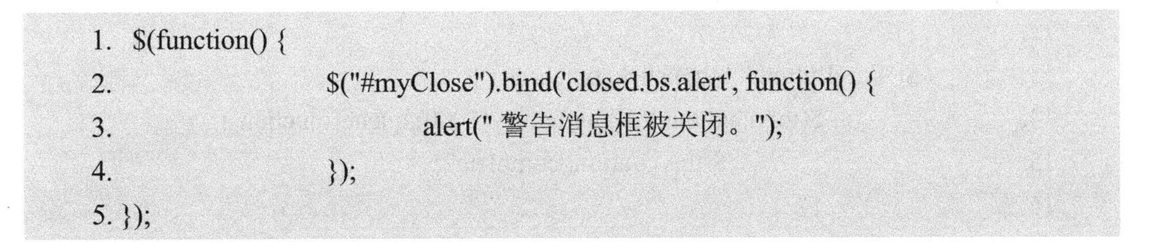

```
1. $(function() {
2.                   $("#myClose").bind('closed.bs.alert', function() {
3.                            alert("警告消息框被关闭。");
4.                   });
5. });
```

运行结果：

成功！结果是成功的。 ×

13.6 按钮插件

下面是一些按钮（Button）插件中常用的方法：

方法	描述
.button('toggle')	切换显示状态，赋予按钮被激活的外观，可以使用 data-toggle 属性启用自动切换按钮
.button('loading')	当加载时，按钮是禁用的，且文本变为 button 元素的 data-loading-text 属性的值
.button('reset')	重置按钮状态，文本内容恢复为最初的内容。当想把按钮返回为原始的状态时，该方法非常有用
.button(string)	该方法中的字符串是由用户声明的任何字符串。使用该方法重置按钮状态，并添加新的内容

JS Code：

```
1.$(function() {
2.        $("#myButton1 .btn").click(function() {
3.                $(this).button('toggle');
4.        });
5.        $("#myButton2 .btn").click(function() {
6.                $(this).button('loading').delay(1000).queue(function() {});
7.        });
8.        $("#myButton3 .btn").click(function() {
9.                $(this).button('loading').delay(1000).queue(function() {
10.                        $(this).button('reset');
11.                });
12.        });
13.        $("#myButton4. btn").click(function() {
14.                $(this).button('loading').delay(1000).queue(function() {
15.                        $(this).button('complete');
16.                });
17.        });
18. });
```

HTML Code：

```
1.<div class="container">
2.                <h2> 点击每个按钮查看方法效果 </h2>
3.                <h4> 演示 .button('toggle') 方法 </h4>
4.                <div id="myButton1" class="bs-example">
5.                        <button type="button" class="btn btn-primary"> 原始 </bu-
tton>
```

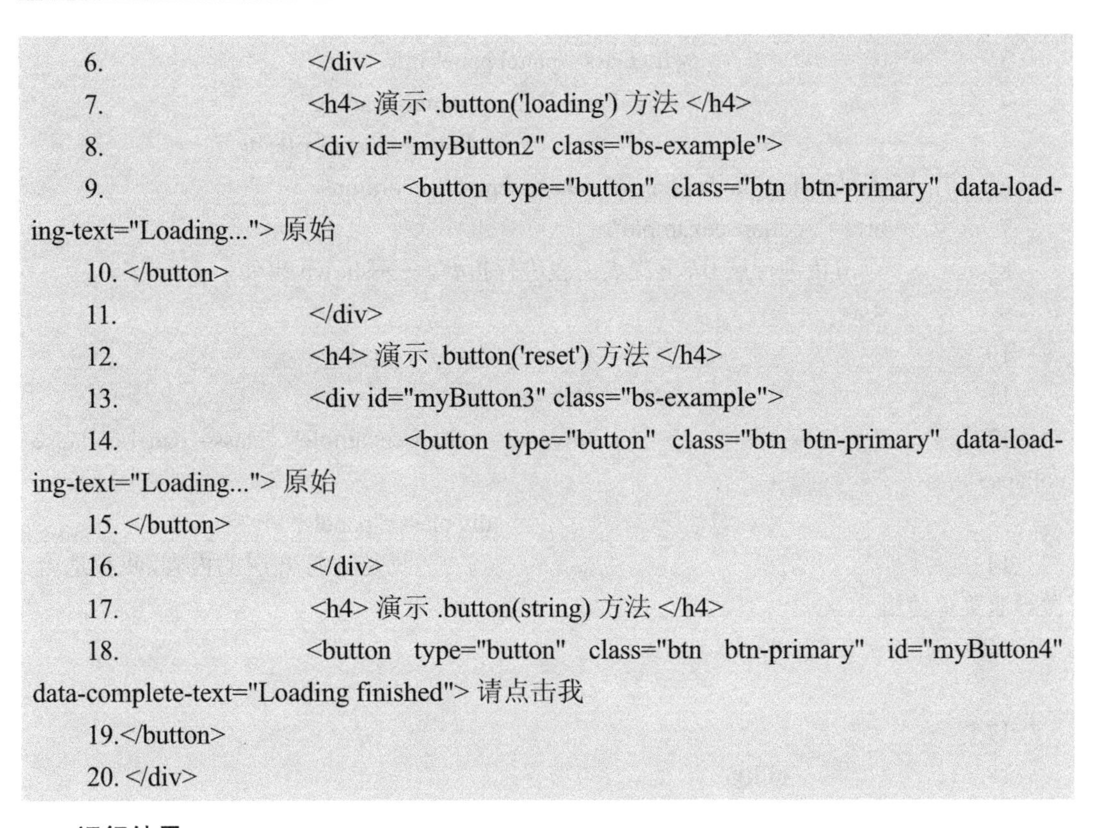

```
6.                   </div>
7.                   <h4> 演示 .button('loading') 方法 </h4>
8.                   <div id="myButton2" class="bs-example">
9.                           <button type="button" class="btn btn-primary" data-load-
ing-text="Loading..."> 原始
10. </button>
11.                  </div>
12.                  <h4> 演示 .button('reset') 方法 </h4>
13.                  <div id="myButton3" class="bs-example">
14.                          <button type="button" class="btn btn-primary" data-load-
ing-text="Loading..."> 原始
15. </button>
16.                  </div>
17.                  <h4> 演示 .button(string) 方法 </h4>
18.                  <button type="button" class="btn btn-primary" id="myButton4"
data-complete-text="Loading finished"> 请点击我
19.</button>
20. </div>
```

运行结果：

点击每个按钮查看方法效果

演示 .button('toggle') 方法

原始

演示 .button('loading') 方法

Loading...

演示 .button('reset') 方法

原始

演示 .button(string) 方法

Loading finished

13.7 折叠(Collapse)插件

```
1.<div class="container">
2.                   <div class="panel-group" id="accordion">
```

```
    3.                      <div class="panel panel-info">
    4.                          <div class="panel-heading">
    5.                              <h4 class="panel-title">
    6.          <a data-toggle="collapse" data-parent="#accordion"
    7.          href="#collapseexample">
    8.          点击我进行展开,再次点击我进行折叠。    shown 事件
    9.          </a>
    10.                             </h4>
    11.                         </div>
    12.                         <div  id="collapseexample"  class="panel-collapse
collapse">
    13.                             <div class="panel-body">
    14.                                 我是被打开层的内容,我很适合
做导航菜单使用
    15.                             </div>
    16.                         </div>
    17.                     </div>
    18.                 </div>
    19. </div>
```

JS Code:

```
    1.$(function() {
    2.          $('#collapseexample').on('show.bs.collapse', function() {
    3.                  alert(' 嘿,当您展开时会提示本警告 ');
    4.          })
    5.});
```

运行结果:

点击我进行展开，再次点击我进行折叠。——shown 事件

我是被打开层的内容，我很适合做导航菜单使用

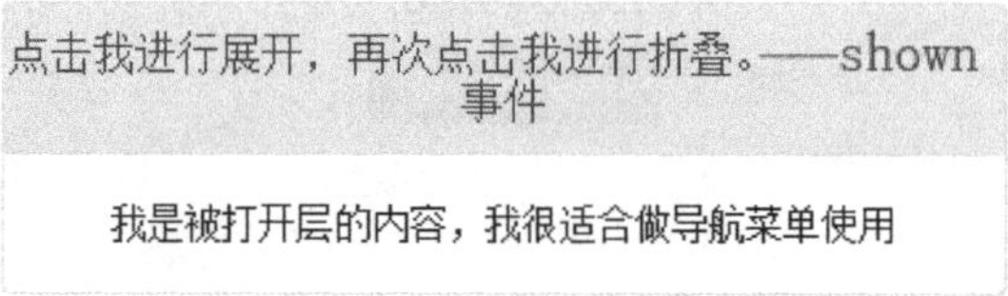

13.8 轮播(Carousel)插件

HTML Code：

```
1.<div class="container">
2.          <div id="myCarousel" class="carousel slide">
3.                    <!-- 轮播（Carousel）指标 -->
4.                    <ol class="carousel-indicators">
5.                              <li  data-target="#myCarousel"  data-slide-to="0"  class=
"active"></li>
6.                              <li data-target="#myCarousel" data-slide-to="1"></li>
7.                              <li data-target="#myCarousel" data-slide-to="2"></li>
8.                    </ol>
9.                    <!-- 轮播（Carousel）项目 -->
10.                   <div class="carousel-inner">
11.                             <div class="item active">
12.                                       <img src="timer/img/cat01.png" alt="First slide">
13.                             </div>
14.                             <div class="item">
15.                                       <img    src="timer/img/cat02.png"    alt="Second
slide">
16.                             </div>
17.                             <div class="item">
18.                                       <img src="timer/img/cat03.png" alt="Third slide">
19.                             </div>
20.                   </div>
21.                   <!-- 轮播（Carousel）导航 -->
22.                   <a  class="carousel-control  left"  href="#myCarousel"  data-
slide="prev">&lsaquo;</a>
23.                   <a  class="carousel-control  right"  href="#myCarousel"  data-
slide="next">&rsaquo;</a>
24.         </div>
25. </div>
```

JS Code：

```
1.$(function() {
```

```
2.            $('.carousel').carousel();
3.            $('#myCarousel').on('slide.bs.carousel', function() {
4.                    //alert(" 当调用 slide 实例方法时立即触发该事件。");
5.            });
6.});
```

运行结果：

13.9 附加导航插件

附加导航（Affix）插件允许某个 <div> 固定在页面的某个位置，也可以在打开或关闭使用该插件之间进行切换。

当页面内容很多时本插件非常有用。

```
1.<div class="container">
2.        <div class="jumbotron">
3.                <h1>Bootstrap 附加导航 </h1>
4.        </div>
5.        <div class="row">
6.                <div class="col-xs-3" id="myScrollspy">
7.                        <ul class="nav nav-tabs nav-stacked" id="myNav">
8.                                <li class="active">
9.                                        <a href="#section-1"> 第一部分 </a>
10.                               </li>
11.                               <li>
12.                                       <a href="#section-2"> 第二部分 </a>
13.                               </li>
14.                               <li>
15.                                       <a href="#section-3"> 第三部分 </a>
```

```
16.                                     </li>
17.                             </ul>
18.                     </div>
19.                     <div class="col-xs-9">
20.                             <h2 id="section-1"> 第一部分 </h2>
21.                             第一部分内容
22.                             <hr>
23.                             <h2 id="section-2"> 第二部分 </h2>
24.                             第二部分内容
25.                             <hr>
26.                             <h2 id="section-3"> 第三部分 </h2>
27.                             第三部分内容
28.                     </div>
29.             </div>
30. </div>
```

运行结果：

Bootstrap附加导航

第一部分
第二部分
第三部分

第一部分
第一部分内容

第二部分
第二部分内容

第三部分
第三部分内容

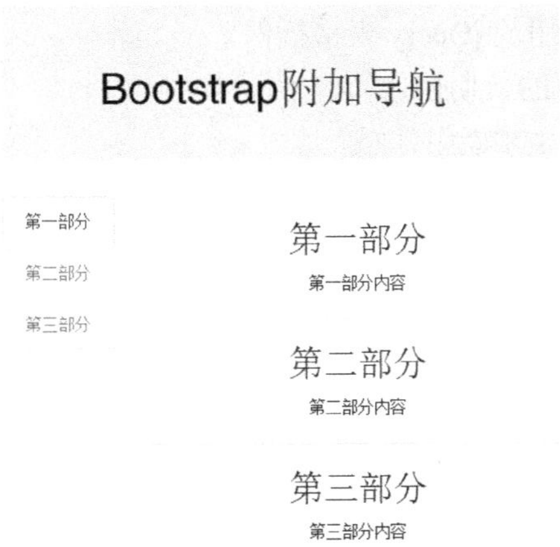

专家提醒

通过 JavaScript 可以手动为某个元素添加附加导航（Affix）。

```
1.$('#myAffix').affix({
2.   offset: {
3.     top: 100, bottom: function () {
4.               return (this.bottom =
5.                         $('.bs-footer').outerHeight(true))
6.   }
```

```
7.    }
8.})
```

小结

Bootstrap 自带 12 个 jQuery 插件，bootstrap.js 和 bootstrap.min.js 这两个文件中都包含这 12 个 jQuery 插件。

在这 12 个 jQuery 插件中，最常用的有图片轮播（carousel.js）、标签切换（tab.js）、滚动监听（scrollspy.js）、下拉列表（dropdown.js）、模块框弹出层（modal.js）和提示框（tooltip.js）。

Bootstrap 提供了一个单一的文件，这个文件包含 Bootstrap 的所有 JavaScript 插件，即 bootstrap.js（压缩版本：bootstrap.min.js）。

经典面试题

1. Bootstrap 的所有 JavaScript 插件都依赖 jQuery 吗？
2. Bootstrap 有没有好用的 jQuery 表格插件？
3. 怎么获取 Bootstrap 的日期控件的值？
4. Bootstrap 有自动补全功能组件吗？
5. Bootstrap 有没有返回顶部插件？

跟我上机

1. 使用 Bootstrap 打造简单的音乐播放器。

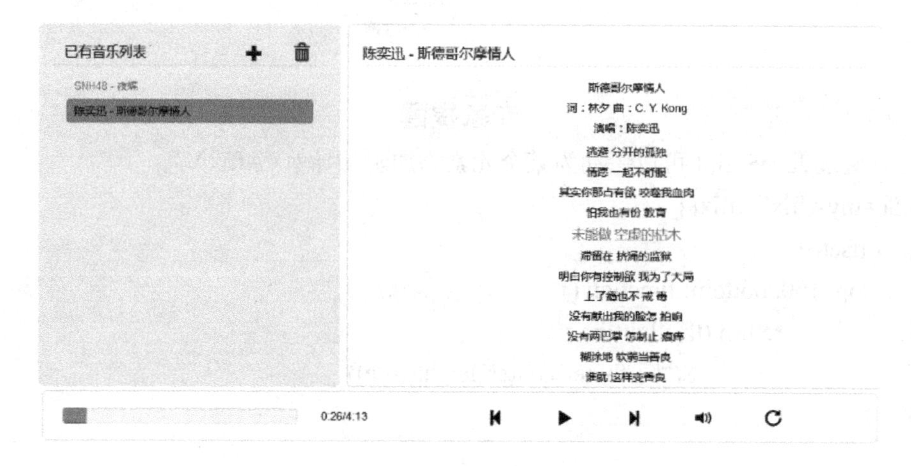

2. 完成如下表格设计。

3. 使用 Bootstrap 结合 jQuery 完成如下页面功能的制作。

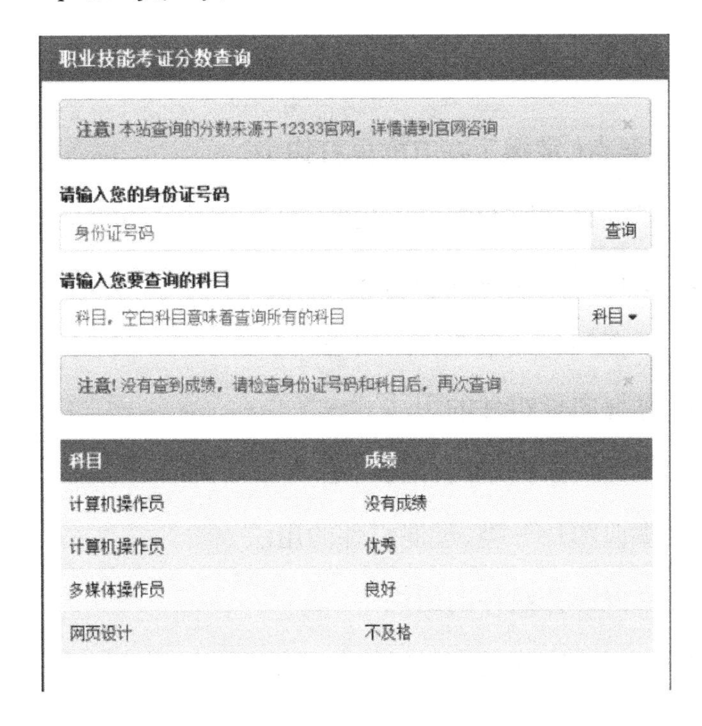

第 14 章　基于 Bootstrap 的开源组件

Bootstrap

本章要点(掌握了在方框里打钩):

- □ 掌握日期时间组件的用法
- □ 掌握自增器组件的用法
- □ 掌握加载效果组件的用法
- □ 掌握向导组件的用法
- □ 掌握按钮提示组件的用法
- □ 掌握图片分类、过滤组件的用法
- □ 掌握评分组件的用法
- □ 掌握响应式垂直时间轴的用法

第 12 章和第 13 章讲的是 Bootstrap 的常用组件和一些 JS 插件，本章给大家分享一些开源组件。

14.1 日期时间组件

Bootstrap 风格的日期时间组件非常多，在 github 上随便搜索关键字"datetimepicker"，就可以找到很多日期时间组件。

下载地址：http://www.bootcss.com/p/bootstrap-datetimepicker/。

14.1.1 效果展示

14.1.2 案例源码

引用必要的文件：

```
1.<link rel="stylesheet" href="bootstrap/css/bootstrap.min.css" media="screen" />
2. <link rel="stylesheet" href="datetimepicker/css/bootstrap-datetimepicker.min.css" media="screen" />
3. <script src="js/jquery-3.2.1.min.js"></script>
4. <script src="bootstrap/js/bootstrap.min.js"></script>
5. <script type="text/javascript" src="datetimepicker/bootstrap-datetimepicker.min.js"></script>
6. <script type="text/javascript" src="datetimepicker/locales/bootstrap-datetimepicker.zh-CN.js"></script>
```

专家提醒

jQuery 和 Bootstrap 是必需的，应注意引用顺序。

HTML Code：

```
1. <label class="control-label col-xs-3"> 日期：</label>
2. <div class='input-group date' id='datetimepicker1'>
3.          <input type='text' class="form-control" />
4.          <span class="input-group-addon">
5.     <span class="glyphicon glyphicon-calendar"></span>
6.          </span>
7. </div>
```

JS Code：

```
1.$(function() {
2.          $('#datetimepicker1').datetimepicker({
3.                   format: 'yyyy-mm-dd', // 日期格式化，只显示日期
4.                   weekStart: 1,
5.                   todayBtn: 1,
6.                   autoclose: 1,
7.                   todayHighlight: 1,
8.                   startView: 2,//2 是年月日
9.                   minView: 2,
10.                  maxView: 2,
11.                  forceParse: 0,
12.                  language:'zh-CN'
13.         });
14. });
```

更多强大的功能可以参看 API（http://www.bootcss.com/p/bootstrap-datetimepicker），这里就不一一列举了。里面有大量的属性、事件、方法来满足各种特殊的需求。

14.2 自增器组件

Bootstrap 自增器并非每一个项目都需要用到，其用于一些特殊场景，比如：某一个文本框需要数据，数字、数组的大小需要微调等情况。

下载地址：https://github.com/indigojs/bootstrap-spinner/。

14.2.1 效果展示

其效果很简单，但可以非常方便地自动设置最大值、最小值、自增值，并且可以自动进行数字校验。

14.2.2 案例源码

引用必要的文件：

```
1. <meta name="viewport" content="width=device-width,initial-scale=1.0">
2. <link rel="stylesheet" href="bootstrap/css/bootstrap.min.css" media="screen" />
3. <link rel="stylesheet" href="spinner/bootstrap-spinner.css" media="screen" />
4. <script src="js/jquery.min.js"></script>
5. <script src="bootstrap/js/bootstrap.min.js"></script>
6. <script src="spinner/jquery.spinner.min.js"></script>
```

JS Code：

```
1.<script type="text/javascript">
2.          $(document).ready(function() {
3.
4.                  //Add
5.                  $(".quantity-add").click(function(e) {
6.                          //Vars
7.                          var count = 1;
8.                          var newcount = 0;
9.
10.                         //Wert holen + Rechnen
11.                         var elemID = $(this).parent().attr("id");
12.                         var countField = $("#" + elemID + 'inp');
13.                         var count = $("#" + elemID + 'inp').val();
14.                         var newcount = parseInt(count) + 1;
15.
16.                         //Neuen Wert setzen
17.                         $("#" + elemID + 'inp').val(newcount);
18.                 });
19.
20.                 //Remove
21.                 $(".quantity-remove").click(function(e) {
22.                         //Vars
23.                         var count = 1;
24.                         var newcount = 0;
```

```
25.
26.                        //Wert holen + Rechnen
27.                        var elemID = $(this).parent().attr("id");
28.                        var countField = $("#" + elemID + 'inp');
29.                        var count = $("#" + elemID + 'inp').val();
30.                        var newcount = parseInt(count) - 1;
31.
32.                        //Neuen Wert setzen
33.                        $("#" + elemID + 'inp').val(newcount);
34.
35.                });
36.
37.        });
38. </script>
```

HTML Code：

```
1.<div class="container">
2.              <div class="row">
3.                     <div class="item col-xs-6 col-lg-6">
4.                            <div class="row">
5.                                   <div class="col-md-10">
6.                                          <div class="form-group formgroup-
options">
7.                                                 <div id="2" class="input-
group input-group-option quantity-wrapper">
8.                                                        <span class="input-
group-addon input-group-addon-remove quantity-remove btn">
9.               <span class="glyphicon glyphicon-minus"></span>
10.                                                       </span>
11.                                                       <input id="2inp"
type="text" value="6" name="option[]" class="form-control quantity-count" placeholder="1">
12.                                                       <span class="input-
group-addon input-group-addon-remove quantity-add btn">
13.                <span class="glyphicon glyphicon-plus"></span>
14.                                                       </span>
15.                                                </div>
16.                                         </div>
```

```
17.                                   </div>
18.                                   <div class="col-md-2">
19.                                            <button type="button" class="btn
btn-danger quantity-delete">
20.                   <span class="glyphicon glyphicon-remove"></span>
21.                </button>
22.                                   </div>
23.                              </div>
24.                              <!--/Row-->
25.                         </div>
26.                         <!--/Item-->
27.                   </div>
28. </div>
```

14.3 加载效果组件

加载效果主要分为实用型和炫酷型两种。实用型效果一般,但适用于各种浏览器;炫酷型是使用最新的 CSS3 和 HTML5 写出来的,效果很炫,但低版本的 IE(10 以下)不能兼容。

14.3.1 spin.js 菊花加载组件

spin.js 是一个开源组件,开源地址:http://spin.js.org/。

使用说明:spin.js 文件不需要 jQuery 的支持。

组件需要定义一个空的 div,然后在此 div 上初始化。

效果展示:

14.3.2 案例源码

引用必要的文件:

```
<script src="spin/spin.js"></script>
```

JS Code：

```
1.<script type="text/javascript">
2.  $(function() {
3.          var opts = {
4.                  lines: 13，// The number of lines to draw
5.                  length: 28，// The length of each line
6.                  width: 14，// The line thickness
7.                  radius: 42，// The radius of the inner circle
8.                  scale: 1，// Scales overall size of the spinner
9.                  corners: 1，// Corner roundness (0..1)
10.                 color: '#000'，// #rgb or #rrggbb or array of colors
11.                 opacity: 0.25，// Opacity of the lines
12.                 rotate: 0，// The rotation offset
13.                 direction: 1，// 1: clockwise, -1: counterclockwise
14.                 speed: 1，// Rounds per second
15.                 trail: 60，// Afterglow percentage
16.                 fps: 20，// Frames per second when using setTimeout() as a fallback
for CSS
17.                 zIndex: 2e9，// The z-index (defaults to 2000000000)
18.                 className: 'spinner'，// The CSS class to assign to the spinner
19.                 top: '50%'，// Top position relative to parent
20.                 left: '50%'，// Left position relative to parent
21.                 shadow: false ，// Whether to render a shadow
22.                 hwaccel: false ，// Whether to use hardware acceleration
23.                 position: 'absolute' // Element positioning
24.         }
25.         var target = document.getElementById('foo')
26.         var spinner = new Spinner(opts).spin(target);
27.  });
28.</script>
```

HTML Code：

```
<div id="foo"></div>
```

14.4 向导组件

工作流需要显示当前流程进行到哪一步，可以采用流程小插件 ystep。此组件的优点在于使用简单，够轻量级。

下载地址：https://github.com/iyangyuan/ystep。

14.4.1 效果展示

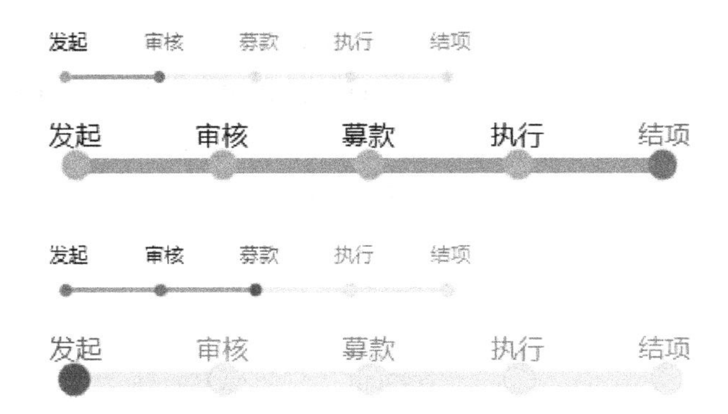

14.4.2 案例源码

引用必要的文件：

注意：需要 jQuery 和 Bootstrap 两个组件的支持。

```
1. <script src="js/jquery-3.2.1.min.js"></script>
2. <script src="ystep/js/ystep.js"></script>
3. <link rel="stylesheet" href="ystep/css/ystep.css">
```

JS Code：

```
1.<script>
2.        $(function() {
3.                // 根据 jQuery 选择器找到需要加载 ystep 的容器
4.                //loadStep 方法可以初始化 ystep
5.                $(".ystep1").loadStep({
6.                        //ystep 的外观大小
7.                        // 可选值：small、large
8.                        size: "small",
9.                        //ystep 配色方案
10.                       // 可选值：green、blue
```

```
11.                     color: "green",
12.                     //ystep 中包含的步骤
13.                     steps: [{
14.                             // 步骤名称
15.                             title: " 发起 ",
16.                             // 步骤内容（鼠标移动到本步骤节点时，会提示该
内容）
17.                             content: " 实名用户 / 公益组织发起项目 "
18.                     }, {
19.                             title: " 审核 ",
20.                             content: " 乐捐平台工作人员审核项目 "
21.                     }, {
22.                             title: " 募款 ",
23.                             content: " 乐捐项目上线接受公众募款 "
24.                     }, {
25.                             title: " 执行 ",
26.                             content: " 项目执行者线下开展救护行动 "
27.                     }, {
28.                             title: " 结项 ",
29.                             content: " 项目执行者公示善款使用报告 "
30.                     }]
31.             });
32.
33.             $(".ystep2").loadStep({
34.                     size: "large",
35.                     color: "green",
36.                     steps: [{
37.                             title: " 发起 ",
38.                             content: " 实名用户 / 公益组织发起项目 "
39.                     }, {
40.                             title: " 审核 ",
41.                             content: " 乐捐平台工作人员审核项目 "
42.                     }, {
43.                             title: " 募款 ",
44.                             content: " 乐捐项目上线接受公众募款 "
45.                     }, {
46.                             title: " 执行 ",
```

```
47.                             content: " 项目执行者线下开展救护行动 "
48.                     }, {
49.                             title: " 结项 ",
50.                             content: " 项目执行者公示善款使用报告 "
51.                     }]
52.             });
53.
54.             $(".ystep3").loadStep({
55.                     size: "small",
56.                     color: "blue",
57.                     steps: [{
58.                             title: " 发起 ",
59.                             content: " 实名用户 / 公益组织发起项目 "
60.                     }, {
61.                             title: " 审核 ",
62.                             content: " 乐捐平台工作人员审核项目 "
63.                     }, {
64.                             title: " 募款 ",
65.                             content: " 乐捐项目上线接受公众募款 "
66.                     }, {
67.                             title: " 执行 ",
68.                             content: " 项目执行者线下开展救护行动 "
69.                     }, {
70.                             title: " 结项 ",
71.                             content: " 项目执行者公示善款使用报告 "
72.                     }]
73.             });
74.
75.             $(".ystep4").loadStep({
76.                     size: "large",
77.                     color: "blue",
78.                     steps: [{
79.                             title: " 发起 ",
80.                             content: " 实名用户 / 公益组织发起项目 "
81.                     }, {
82.                             title: " 审核 ",
83.                             content: " 乐捐平台工作人员审核项目 "
```

```
84.                         }, {
85.                                 title: " 募款 ",
86.                                 content: " 乐捐项目上线接受公众募款 "
87.                         }, {
88.                                 title: " 执行 ",
89.                                 content: " 项目执行者线下开展救护行动 "
90.                         }, {
91.                                 title: " 结项 ",
92.                                 content: " 项目执行者公示善款使用报告 "
93.                         }]
94.                 });
95.                 $(".ystep1").setStep(2);
96.                 $(".ystep2").setStep(5);
97.                 $(".ystep3").setStep(3);
98.         });
99. </script>
```

HTML Code：

```
1. <div class="ystep1"></div><br />
2. <div class="ystep2"></div><br />
3. <div class="ystep3"></div><br />
4. <div class="ystep4"></div>
```

14.5 按钮提示组件

按钮提示组件有点类似于 JS 里 confirm 的功能，不过 confirm 是以 tooltip 的方式弹出来的效果，给用户一个确定、取消的判断，界面更加友好。

bootstrap-confirmation 组件就是基于这个提示框的效果实现的。github 上有好多 bootstrap-confirmation 组件，但基本大同小异。

下载地址：http://www.bootcdn.cn/bootstrap-confirmation/。

14.5.1 效果展示

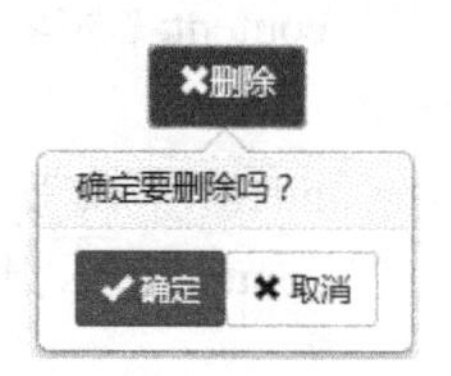

14.5.2 案例源码

引用必要的文件：

```
1.<link rel="stylesheet" href="bootstrap/css/bootstrap.min.css" />
2.        <script src="js/jquery-3.2.1.min.js"></script>
3.        <script src="bootstrap/js/bootstrap.min.js"></script>
4.        <script src="confirmation/bootstrap-confirmation.min.js"></script>
```

JS Code：

```
1.<script>
2.        $(function() {
3.                $('#btn_submit1').confirmation({
4.                        animation: true,
5.                        placement: "bottom",
6.                        title: " 确定要删除吗？ ",
7.                        btnOkLabel: ' 确定 ',
8.                        btnCancelLabel: ' 取消 ',
9.                        onConfirm: function() {
10.                               //alert(" 单击了确定 ");
11.                       },
12.                       onCancel: function() { //alert(" 单击了取消 ");
13.                       }
14.               });
15.       });
16. </script>
```

HTML Code：

```
<button type="button" id="btn_submit1" class="btn btn-primary"><span class="glyphicon
glyphicon-remove" aria-hidden="true"></span> 删除 </button>
```

14.5.3 更多属性、事件、方法

除了上述初始化的属性，还有一些常用的属性。

（1）btnOkClass：确定按钮的样式；

（2）btnCancelClass：取消按钮的样式；

（3）singleton：是否只允许出现一个确定框；

（4）popout：当用户单击其他地方的时候是否隐藏确定框。

比如可以将 btnOkClass 设置成 btnOkClass: 'btn btn-sm btn-primary'。

14.6 图片分类、过滤组件

这是一个效果非常炫酷的分类、过滤组件。

下载地址：https://github.com/patrickkunka/mixitup。

14.6.1 效果展示

14.6.2 案例源码

引用必要的文件：

```
1.<script src="js/jquery-3.2.1.min.js"></script>
2.<script src="bootstrap/js/bootstrap.min.js"></script>
3.<script src="mixitup/mixitup.min.js"></script>
```

CSS Code：

```
CSS 请自行设计。
```

JS Code：

```
1.$(function() {
2.                          var containerEl = document.querySelector('.container');
3.                          var mixer = mixitup(containerEl);
4.});
```

HTML Code：

```
1.<div class="controls">
2.          <button type="button" class="control" data-filter="all"></button>
3.          <button type="button" class="control" data-filter=".green"></button>
4.          <button type="button" class="control" data-filter=".blue"></button>
5.          <button type="button" class="control" data-filter=".pink"></button>
6.          <button type="button" class="control" data-filter="none"></button>
7.</div>
8.<div class="container">
9.          <div class="mix green"></div>
10.         <div class="mix blue"></div>
11.         <div class="mix pink"></div>
12.         <div class="mix green"></div>
13.         <div class="mix blue"></div>
14.         <div class="mix pink"></div>
15.         <div class="mix blue"></div>
16. </div>
```

14.7 评分组件

购物网站上的评分大家应该都有了解，下面介绍 Bootstrap 风格的评分组件，其可用于电商、社区、论坛系统。

下载地址：https://github.com/kartik-v/bootstrap-star-rating。

14.7.1 效果展示

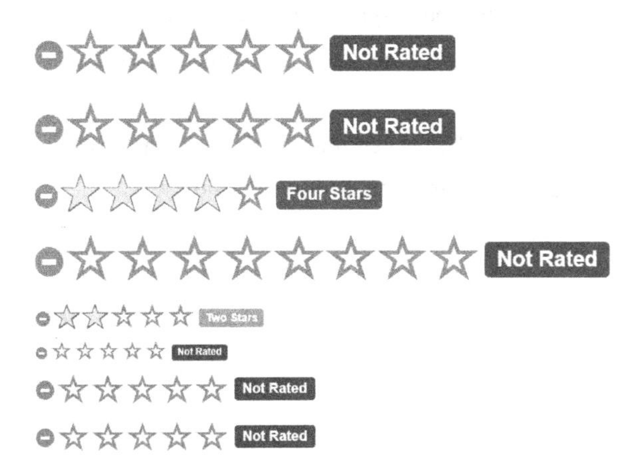

14.7.2 案例源码

引用必要的文件：

```
1.<link rel="stylesheet" href="bootstrap/css/bootstrap.min.css" />
2.<link rel="stylesheet" href="rating/css/star-rating.min.css" />
3.<script src="js/jquery-3.2.1.min.js"></script>
4.<script src="bootstrap/js/bootstrap.min.js"></script>
5.<script src="rating/js/star-rating.js"></script>
```

此组件需要 jQuery 和 Bootstrap 样式的支持。

HTML Code：

```
1.<input id="input-2b" type="number" class="rating" min="0" max="5" step="0.5" data-size="xl" data-symbol="&#xe005;" data-default-caption="{rating} hearts" data-star-captions="{}">
2.    <input id="input-21a" value="0" type="number" class="rating" min=0 max=5 step=0.5 data-size="xl">
3.    <input id="input-21b" value="4" type="number" class="rating" min=0 max=5 step=0.2 data-size="lg">
4.    <input id="input-21c" value="0" type="number" class="rating" min=0 max=8 step=0.5 data-size="xl" data-stars="8">
5.    <input id="input-21d" value="2" type="number" class="rating" min=0 max=5 step=0.5 data-size="sm">
6.    <input id="input-21e" value="0" type="number" class="rating" min=0 max=5 step=0.5 data-size="xs">
7.    <input id="input-21f" value="0" type="number" class="rating" min=0 max=5 step=0.5 data-size="md">
8.    <input id="input-2ba" type="number" class="rating" min="0" max="5" step="0.5" data-stars=5 data-symbol="&#xe005;" data-default-caption="{rating} hearts" data-star-captions="{}">
9.<input id="input-22" value="0" type="number" class="rating" min=0 max=5 step=0.5 data-rtl=1 data-container-class='text-right' data-glyphicon=0>
```

JS Code：

```
1.$(function() {
2.                    $("#input-2b").rating({
3.                            'size': 'md'
4.                    });
5.});
```

组件通过 class="rating" 进行初始化，其中的几个参数比较好理解。

（1）value：表示组件初始化的时候默认的分数；

（2）min：最小分数；

（3）max：最大分数；

（4）step：每次增加的最小刻度；

（5）data-size：星星的大小；

（6）data-stars：星星的个数。

通过 $("#input-2b").val() 即可得到评分数。

14.8 响应式垂直时间轴

时间轴的做法有很多，下面是其中一个示例。

下载地址：http://www.jq22.com/jquery-info13112。

14.8.1 效果展示

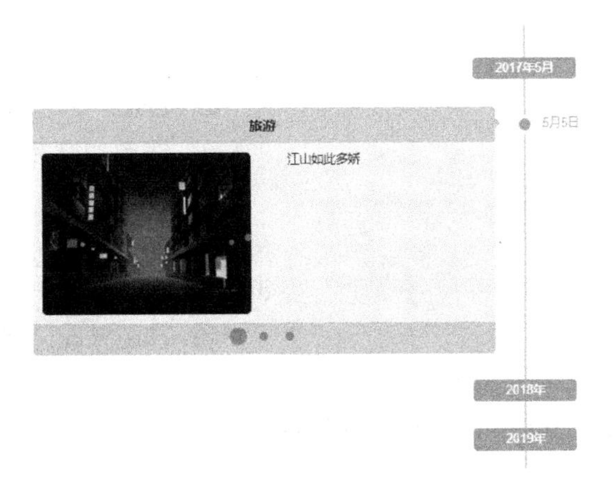

14.8.2 案例源码

引用必要的文件：

```
1.<link rel="stylesheet" href="timer/css/jquery.eeyellow.Timeline.css" />
2.          <link rel="stylesheet" href="bootstrap/css/bootstrap.min.css" />
3.          <script src="js/jquery-3.2.1.min.js"></script>
4.          <script src="bootstrap/js/bootstrap.min.js"></script>
5.          <script src="timer/js/jquery.eeyellow.Timeline.js"></script>
```

HTML Code：

```
1.<div class="container">
2.          <div class="row">
3.              <div class="col-md-12">
4.                  <div class="VivaTimeline">
5.                      <dl>
6.                          <dt>2017 年 5 月 </dt>
7.                          <dd class="pos-left clearfix">
8.                              <div class="circ"></div>
9.                              <div class="time">5 月 5 日 </div>
10.                             <div class="events">
11.                                 <div class="events- header"> 旅游 </div>
12.                                 <div class="events- body">
13.                                     <div class= "row">
14.                                         <div class="col-md-6 pull-left">
15.                                             <img   class="events-object   img-
responsive img-rounded" src="timer/img/cat01.png" />
16.                                         </div>
17.                                         <div class="events-desc">
18.                                             江山如此多娇
19.                                         </div>
20.                                     </div>
21.                                     <div class="row">
22.                                         <div class="col-md-6 pull-left">
23.                                           <img    class="events-object    img-
responsive img-rounded" src="timer/img/cat02.png" />
24.                                           </div>
25.                                           <div class="events-desc">
26.                                               风景如画
27.                                         </div>
28.                                     </div>
```

```
29.                         <div class="row">
30.                             <div class="col-md-6 pull-left">
31.                                 <img        class="events-object
img-responsive img-rounded" src="timer/img/cat03.png" />
32.                             </div>
33.                             <div class="events-desc">
34.                                 好好学习
35.                             </div>
36.                         </div>
37.                     </div>
38.                     <div class="events-footer">
39.                         123
40.                     </div>
41.                 </div>
42.             </dd>
43.             <dt>2018 年 </dt>
44.             <dt>2019 年 </dt>
45.         </dl>
46.     </div>
47.   </div>
48. </div>
49.</div>
```

JS Code：

```
1.$(function() {
2.      $('.VivaTimeline').vivaTimeline({
3.              carousel: true,
4.              carouselTime: 3000
5.      });
6.});
```

小结

Bootstrap 有很多非常实用的开源组件，这里只列举了 8 个简单易用的。如果想快速开发优秀的 UI 效果，离不开这样的组件，请自行学习。

经典面试题

1. 列举你用过的第三方开源组件。
2. 如何基于 Bootstrap 创建一个响应式的导航条？
3. 图片上传用什么第三方组件？如何使用？
4. 对话框提示用什么第三方组件？如何使用？
5. 标签页选项用什么第三方组件？如何使用？

跟我上机

1. 使用 wysihtml5 制作如下富文本在线编辑器。

bootstrap-wysihtml5

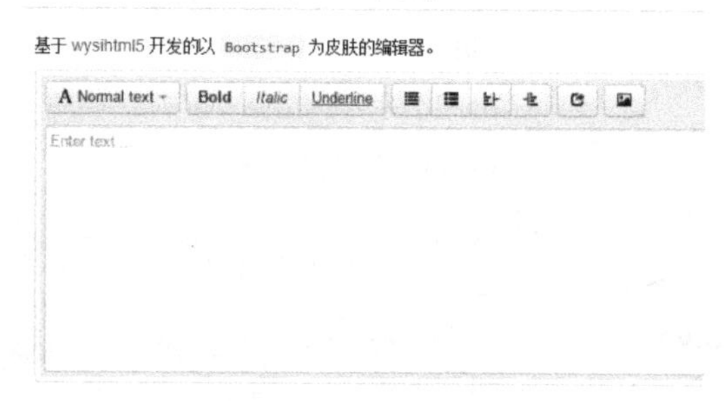

2. 使用 Bootstrap File Input 实现图片上传效果。

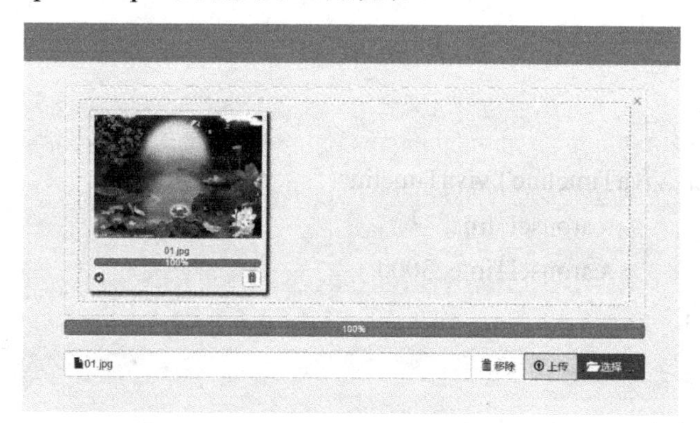

3. 使用 Bootstrap 框架制作如下格式的个人简历。

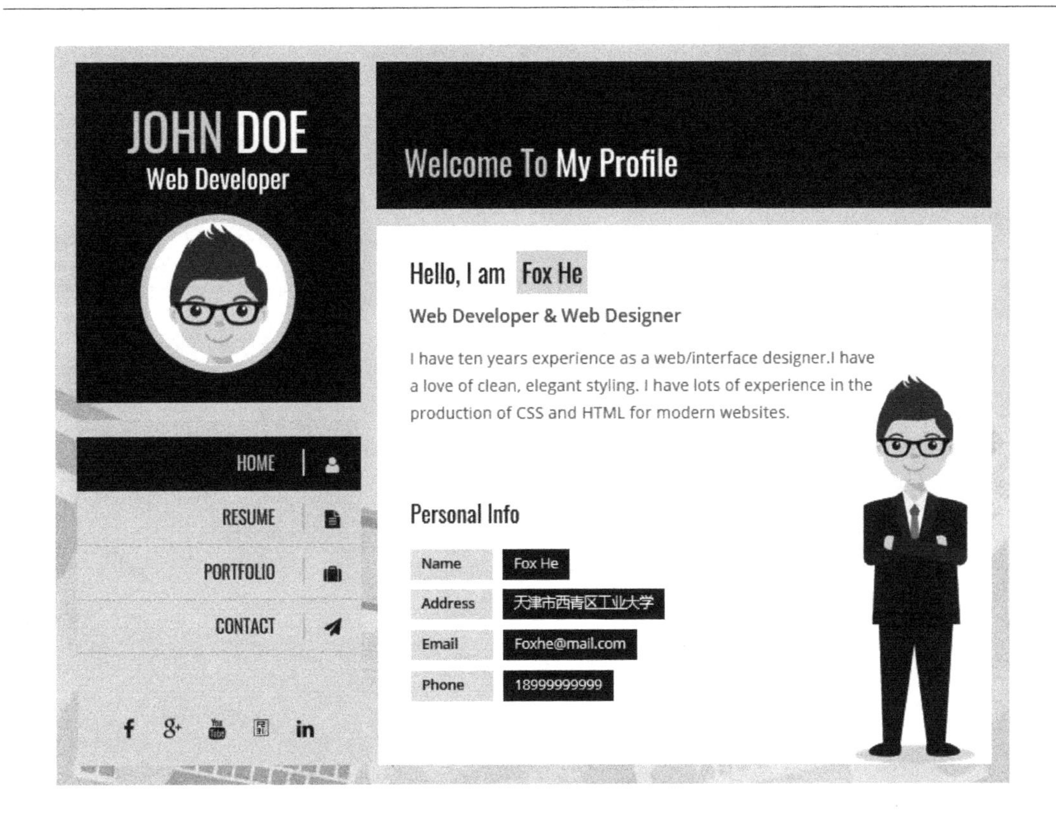
JOHN DOE
Web Developer
Welcome To My Profile
Hello, I am Fox He
Web Developer & Web Designer
I have ten years experience as a web/interface designer.I have a love of clean, elegant styling. I have lots of experience in the production of CSS and HTML for modern websites.
HOME
RESUME
PORTFOLIO
CONTACT
Personal Info
Name
Fox He
Address
天津市西青区工业大学
Email
Foxhe@mail.com
Phone
18999999999